谁种谁赚钱·设施蔬菜技术丛书

结球甘蓝 抱子甘蓝 青花菜设施栽培

常有宏 余文贵 陈 新 主编

曾爱松 戴忠良 严继勇 潘跃平 编著

U0256261

中国农业出版社

联系作者：
　　以下内容由曾爱松撰写，025 - 84391960；13675160515；
E‑mail：topzas@126.com；QQ：916469672
　　第一章　甘蓝类蔬菜设施栽培概述
　　第二章　结球甘蓝设施栽培
　　第三章　抱子甘蓝设施栽培

　　以下内容由戴忠良撰写，13952897876；
E‑mail：daizhongliang2008@163.com
　　第四章　青花菜设施栽培

出版者的话

　　我国农民历来有一个习惯，不论政府是否号召，家家户户都要种菜。

　　在人民公社化时期，即使土地是集体的，政府也划给一家一户几分"自留地"种菜。白天，农民在集体的土地上种粮，到了收工的时候，不管天黑，也不顾饥肠辘辘，一放下工具就径直奔向自留地，侍弄自家的菜园。因为，种菜不仅可以满足一家人一年的生活，胆大的人还可以将剩余的菜"冒险"拿到市场上换钱。

　　实行分田到户后，伴随粮食的富余，种菜的农民越来越多。因为城里人对蔬菜种类和数量的需求日益增长，商品经济越来越活跃，使农民直接看到了种菜比种粮赚钱。

　　近一二十年来，市场越来越开放，农业生产分工越来越细，种菜的农民也越来越专业，他们不仅在露地大面积种菜，还建造塑料大棚、日光温室，甚至蔬菜工厂等，从事设施蔬菜生产。因为，在设施内种菜，可以不受季节限制，不仅一年四季都有新鲜菜上市，也为菜农增加了成倍的收入。

　　巨大的商机不仅让农民获得了实惠，也使政府找到了"抓手"。继"菜篮子工程"之后，近年来，各地政府又不断加大了对设施蔬菜的资金补贴，据2010年12月国家发展和改革委员会统计：北京市按中高档温室每亩1.5万元、简易温室1万元、钢架大棚0.4万元进行补贴；江苏省紧急安排1亿元蔬菜生产补贴，扩大冬种和设施蔬菜种植面积；陕西省安排补贴资金2.5亿元，其中对日光温室每亩补贴1 200元，设施大棚每亩补贴750元；宁夏对中部干旱和南部山区日光温室、大中拱棚、小拱棚建设每亩分别补贴3 000元、1 000元和200元……使设施蔬菜的发展势头迅猛。截止到2010年，我国设施蔬菜用20%的菜地面积，提供了40%的蔬菜产量和60%的产值（张志斌，2010）!

　　万事俱备，只欠东风。目前，各地菜农不缺资金、不愁市场，缺的是技术。在设施内种菜与露地不同，由于是人造环境，温、光、水、气、肥等条件需要人为调节和掌控，茬口安排、品种的生育特性要满足常年生产和市场供给的需要，病虫害和杂草的防控需要采用特殊的技术措施，蔬菜产品的质量必须达到国家标准。为了满足广大菜农对设施蔬菜生产技术的需求，我社策划出版了这套《谁种谁赚钱·设施蔬菜技术丛书》。本丛书由江苏省农业科学院组织蔬菜专家编写，选择栽培面积大、销路好、技术成熟的蔬菜种类，按单品种分16个单册出版。

　　由于编写时间紧，涉及蔬菜种类多，从选题分类、编写体例到技术内容等，多有不尽完善之处，敬请专家、读者指正。

2013年1月

第一章

甘蓝类蔬菜栽培设施

第一节　设施栽培方式

一、甘蓝类蔬菜分类

甘蓝类蔬菜有着悠久的栽培历史,是世界各地种植的主要蔬菜作物之一。甘蓝类蔬菜是多种蔬菜的泛称,它们同属于十字花科芸薹属,是由原产于地中海沿岸的一种叫作甘蓝的草本植物在人工栽培条件下演化而成的各个变种,包括结球甘蓝、抱子甘蓝、羽衣甘蓝、球茎甘蓝、芥蓝、青花菜和花椰菜,其营养价值丰富,深受人们的喜爱。尤其结球甘蓝、抱子甘蓝和青花菜,富含多种维生素和矿物质,并含有丰富的天然防癌和抗癌物质,是营养价值很高的蔬菜。由于对环境条件有其自身生长习性的要求,尚不能实现周年供应,因此甘蓝类蔬菜反季节设施栽培尤为重要。

在市场上常见的甘蓝类蔬菜包括:

(一)心叶抱合成球

包括以叶球供人们食用的结球甘蓝、紫甘蓝、抱子甘蓝。

结球甘蓝是餐桌上常见的圆白菜,又叫洋白菜、卷心菜、包心菜。

紫甘蓝又称红甘蓝、赤甘蓝、紫圆白菜,是结球甘蓝中的一个类型,由于它的叶球呈紫红色而得名。

抱子甘蓝比较正规的名字叫布鲁塞尔芽菜,是甘蓝种中腋芽能形成小叶球的变种,其植株中心不生成叶球,而是在茎上的叶腋中产生很多的小芽球,犹如子附母怀,故称"抱子甘蓝",又名芽甘蓝、子持甘蓝、球芽甘蓝，形如袖珍型圆白菜。"抱子甘蓝"是中国人给布鲁塞尔芽菜起的中国名字。目前，在百姓餐桌上还不多见，主要供应宾馆饭店。

(二) 花轴分枝成球

包括以肥嫩短缩的花枝作为食用部分的花椰菜、青花菜。花椰菜即菜花，花轴、花枝白色或淡黄白色。青花菜又称西兰花、绿菜花等，花轴、花枝绿色。

二、甘蓝类蔬菜设施栽培方式

目前，甘蓝类蔬菜设施栽培方式应用较多的有春提早栽培、夏季抗热避雨栽培、秋延迟栽培和越冬栽培。

(一) 春提早栽培

在初春寒冷时节，利用大棚的保温性能，在棚内栽培喜温蔬菜，以达到早熟、高产和高效的设施栽培形式。春提早栽培由于推广时间较长，栽培技术措施比较成熟和完善，栽培的蔬菜种类也在不断扩大，从喜温的果菜类到喜冷凉的叶菜类、根菜类和甘蓝类均可采用此种栽培模式。保温设施有地膜、风障阳畦、温室及塑料小、中、大棚等。

(二) 夏季抗热避雨栽培

在南方地区，夏秋季的台风暴雨、高温强光和病虫害严重等不利环境因素是越夏栽培蔬菜的主要障碍。设施栽培可在夏季高温季节减弱光照、降低温度或缩短光照时间，从而满足蔬菜对温度和光照条件的要求，创造丰产优质的条件。

夏季栽培设施的形式很多，重点应放在遮光、防雨和防病虫害上。目前常用的栽培形式有荫棚、遮阳网、防（避）雨棚、防虫网（网纱）覆盖等。

(三) 秋延迟栽培

此季自然气候条件较适宜甘蓝类蔬菜生长，只是在生长后期由于天气转冷，可采取一定保护措施。可设中小棚，不加盖草帘。中小棚一般宽 3 米左右，高 1.5 米左右，用竹木或钢材做骨架，呈拱圆形，以利甘蓝类蔬菜度过秋后寒冷天气。

(四) 越冬栽培

寒冷季节在大棚内种植喜冷凉而不很耐寒的蔬菜。这类蔬菜的播种期一般在 8～11 月份，始收期一般在 12 月份至翌年 2 月份。其中喜凉而不耐寒的蔬菜，秋季和初冬可露地生长，但在严寒来临时，其生长几乎停止甚至死亡。采用冬季大棚栽培等形式，此类蔬菜可以从秋季到翌年春季不间断地生产。喜温蔬菜的越冬栽培难度较大，在栽培上存在与春提早栽培类似的问题。冬季栽培设施主要是塑料大棚和温室。

第二节　春季栽培设施

一、地膜覆盖

地膜覆盖是保护地设施中最简单的一种。目前常用的是用聚乙烯薄膜直接铺在栽培地面上。然后用土压住即可。一般在覆盖前要整地作畦、地面消毒、施基肥，并在喷过除草剂之后覆盖地膜。

地膜覆盖的方式很多，为充分发挥地膜覆盖的效应，可根据土质、气候、栽培目的等采取不同的方式：

(1) 高畦覆盖栽培　将地膜覆盖在高畦或高垄上。

(2) 驼峰式高垄栽培　在高畦中央开浅沟，覆上膜后，使垄中间有一空隙，兼有地膜和微棚的作用。

(3) 低畦（平畦）覆盖栽培　将地膜覆盖在平畦上。

(4) 改良式地膜覆盖栽培　使地膜覆盖成为地上式或半地上式微棚。这种改良栽培，增强了保温效果。主要有高畦沟栽法、高垄穴栽法和平畦横向覆盖法。

二、阳畦和改良阳畦

（一）阳畦

阳畦，又叫冷床，是利用太阳能提高畦温的一种栽培形式。阳畦由风障、栽培畦和覆盖物组成。阳畦一般东西延长，北面设立风障，畦宽约 1.5 米，长 8～10 米。根据畦框的不同，又分为抢阳畦和槽子畦。抢阳畦的北侧高于南侧，北框通常高 35～60 厘米，南框高 20～45 厘米，东西框与南北框相连接。槽子畦四边土框高度基本相等，高 40～60 厘米，宽 35～40 厘米。两种畦多用于春季育苗或假植。

（二）改良阳畦

改良阳畦又叫小洞子、小暖窖、小型日光温室。它是在阳畦的基础上改进而成的。改良阳畦去掉了北面的风障，将土框改为 1 米高、0.5 米厚的土墙或砖墙，有固定的檩、柱托起竹竿，前面形成半拱形的坡面，上覆塑料薄膜，晚上盖草、蒲席，跨度增加到 3 米。可作为春季育苗用，冬季可生产芹菜、油菜等。

改良阳畦的棚架用细竹竿或毛竹片搭建，棚架间距 0.3～0.6 米。为增强拱杆支撑力，每隔 3～6 米设立 1 根立柱，用铁丝做拉线，也可用竹竿代替拉线，然后将拱杆用细铁丝等固定在拉线索上。如果棚架是钢铁结构，则不需要立柱。

改良阳畦由于透光量大，畦内空间较大，性能比一般阳畦要好，管理较方便，能够进入畦内进行管理。

三、塑料小拱棚

塑料小拱棚是利用塑料薄膜和竹片等支架材料做成的低矮的保护设施，人不能在棚内操作而需要在外管理。它仅具有低效能的保温作用，是临时性的覆盖设施。由于能提早或延迟蔬菜的供应期，因此经济效益显著，并且建造容易，取材方便，不永久占地，深受广大菜农欢迎，故近年来在国内发展很快，已成为菜农普遍使用的蔬菜保护地栽培方式之一。

（一）塑料小拱棚的建造

塑料小拱棚的支架材料一般用细竹竿、竹片、荆条、树枝及直径 6～8 毫米的钢筋或扁钢。把支架材料弯成圆拱形，中高 1 米，跨度 1.5～2.5 米，两端插入畦埂中深 20～30 厘米。支架间距 50～80 厘米，整个棚长 10～15 米。为了防风，可以在畦北侧设立风障。小拱棚覆盖的塑料薄膜，多在棚的四周挖浅沟，把薄膜边埋入土中，防止被风吹开。

如果外界气温较低，可以在小拱棚外再加盖草苫。草苫多用稻草编织，长 4～5 米，宽 1.5～2 米，厚 3～5 厘米。

（二）塑料小拱棚的应用

塑料小拱棚容积小，保温覆盖物效能差，内部温度条件变化剧烈，棚内温度受外界环境影响较大，白天温度很高，夜间温度较低。为提高小拱棚的防风保温能力，夜间可在膜上盖草帘、草席、无纺布等。在这种情况下，必须加强拱形骨架的强度与稳固性。

塑料小拱棚透光率 60％～80％，新的清洁薄膜透光率高，反之则差。棚内光照分布不均匀，高处较强，向下则弱，棚中央的秧苗由于光照度不足，温度较高，常出现徒长现象。塑料小拱棚内空气相对湿度较高，特别是夜间湿度有时可达 90％～100％，应注意通风排湿，以减少发病。

塑料小拱棚保温性能有限，仅能作为喜温蔬菜的春早熟栽培或秋延迟栽培之用。在南方也可以用作越夏栽培用。小拱棚塑料薄膜上可加盖草席，以增强保温效果。这种小拱棚冬季还可套在大棚内作为多层覆盖用。

塑料小拱棚种类很多。由于各地温光条件不同，小拱棚应用类型也不同，主要有圆拱无支柱型、圆拱有支柱型、半圆拱型、圆拱加风障型等。

四、塑料中棚

塑料中棚与塑料小棚没有明显的界限，一般把宽 3～7 米、中高 1.5～1.8 米、长 10 米以上的塑料棚称为中棚，生产人员可以入内操作管理，面积一般在 300 米^2。中棚是近年来发展起来的，因其建造方便，有的为临时性设施，故为农民所喜用。

(一) 类型

中棚主要分为两种类型。一是拱形中棚。这种中棚的基本结构与塑料小拱棚相同，仅空间较大，面积稍大而已。多采用竹竿、木杆或钢材作支架，形成拱圆形的顶面。没有墙体设施，其上覆盖塑料薄膜，棚外可加盖草苫。一般没有加温设备，靠日光增温。二是半拱圆形中棚，也叫简易日光温室。其形式与有后屋面的改良阳畦相同，仅空间较大，人可以入内管理操作。其结构与塑料薄膜日光温室基本相同，惟其高度与面积较小；比日光温室高度低，棚顶平，后坡短或无。它结构简单，取材方便，易建造，成本低。

拱圆形中棚根据所用架材和支柱的不同可分为以下几种：

1. 竹木结构中棚　这种中棚的支架均为竹竿、竹片或木杆组成，中间设 1 排或 2 排支柱，支柱间距 1 米左右，然后用铁丝把拉杆与支柱固定在一起。

根据中间支柱的多少又分为单排柱竹木结构中棚和双排柱竹木结构中棚两种。

单排柱竹木结构中棚的跨度为 3～7 米，中高 1.5～1.8 米，长 10 米左右。拱杆间距 60～100 厘米，拱杆多用竹片或细竹竿做成。每 1～3 个拱杆下设一支柱，棚中间仅设一排支柱，故称为单排柱中棚。支柱距顶端 20 厘米处用较粗的竹竿或木杆纵向连接成横杆，把各立柱固定成一个整体，以增加强度。拱杆拱成半圆形，弧度应均匀一致，拱杆两端插入土中。拱圆架做好后，架上即可覆盖薄膜和草苫，方法与小棚相同。

双排柱竹木结构中棚与单排柱中棚基本相同。不同之处在于当所利用的拱杆竹片、立柱杆较细小，单排支柱不足以胜任支撑强度时，为加强其稳固性，而增加一排支柱。建造方法与单排柱竹木结构中棚相同。

2. 钢架结构中棚 支架全部或一部分用钢材组成的中棚为钢架结构中棚。根据所用的材料规格和支柱的有无，又可分为无柱中棚和有柱中棚两种。

无柱中棚的拱杆钢材较粗壮，一般用 4～6 厘米的钢管或 20 毫米的圆钢弯成拱圆形，顶端用相同的钢材横向焊上拉筋，拱杆两底端也焊上拉筋，使整个拱杆成为一体。棚中间不设立柱。

当钢筋的规格太小，如 16 毫米以下的钢筋作拱杆时，则需要建造有柱钢架中棚。支柱需用 16 毫米以上的圆钢，下端插入土中。为防止支柱和拱杆钢筋在土中下沉，在土中可埋入石块或砖块奠基，亦可在地面横向焊上拉筋。支柱顶端可直接焊在拱杆上，也可在支柱顶端焊上较宽的套管或钢板，顶住拱杆。其他建造方法和规格与无柱中棚相同。

（二）性能及应用

塑料中棚中拱圆形类型的性能与塑料小棚基本相似。由于其空间大、热容量大，故内部气温比小棚稳定，日温差稍小，温度条件稍优于小棚，但比塑料大棚稍差。在栽培中多用于野菜春早熟栽培或秋延迟栽培。塑料中棚建造容易，拆装方便，可作为永久性设施，亦可作临时性保护设施，成本不高。因此，在国内栽培面积大，是目前主要的保护地设施之一。

半拱圆形中棚在外观和性能上属于日光温室，在南方应用很少，在此不作专门讲述。

五、塑料大棚

塑料大棚在我国是 20 世纪 60 年代后期发展起来的蔬菜保护

地设施。80 年代初遍及全国，成为国内主要的保护地设施。塑料大棚高度在 1.8 米以上，跨度在 6.5～12 米，每个棚的面积在 300 米² 以上，管理人员能够在棚内自由操作。与温室相比，其结构简单，建造容易，投资较少，土地利用率高，操作方便，易被农民接受利用。与露地生产相比，大棚可提高棚内温度，改善温室环境条件，有效提早或推迟蔬菜栽培。目前，塑料大棚是春早熟栽培或秋延后栽培的主要设施之一。

（一）类型与结构

根据大棚屋顶的形状可分为拱圆形、屋脊形、单栋及连栋形，拱圆形大棚中又分弧形、半椭圆形和半圆形等。目前国内绝大部分大棚是拱圆形的。屋脊形大棚的透光和排水性能良好，但因建造施工复杂，且棱角多，易损坏塑料薄膜，故生产上很少采用。连栋形大棚在 20 世纪 70 年代曾盛行一时，后因通风困难、不便排除雨水和积雪，于 20 世纪 80 年代初已逐渐淘汰。拱圆形大棚则以其建造方便、管理容易而普及各地。

根据大棚的建筑材料可分为竹木结构、混合结构、水泥结构、钢筋结构及装配式钢管结构等。

1. 竹木结构大棚　建筑材料以竹竿和木杆为主，来源方便，成本低廉，适于我国经济基础薄弱地区的农民应用。由于棚内支柱多，比较牢固，较抗风雪；其缺点是支架过多遮光、光照条件不好，棚内作业不便。

2. 悬梁吊柱竹木大棚　是在竹木结构大棚的基础上发展起来的，最大优越性为塑料薄膜在两拱杆间为悬空状态，压膜线可压得很紧，雨雪能顺利地流到地下，改变了竹木结构大棚由于横梁的阻挡压膜不紧、棚面容易积水的缺陷。

3. 水泥柱拉筋竹拱棚　由竹木结构大棚发展而来，称为水泥柱钢筋梁竹拱大棚。这种结构的大棚建造简单，支柱较少，棚内作业方便，遮光较少。一般棚上可加盖草苫子保温。

4. 无柱钢架大棚　称桁架式钢架大棚，其拱杆、拉杆均用钢管或圆钢焊成的弧形平面桁架或三角桁架制成，棚内无立柱，结构合理，跨度大，透光良好，便于操作管理，蔬菜生长良好，棚架坚固，抗风雪力强，一般可用 10 年以上；其缺点是一次性投资太多，造价高。

5. 水泥预制件组装式大棚　骨架全部由水泥预制件拱杆与水泥柱组装而成。棚体坚固耐久，使用年限长，抗风雪能力强，棚面光滑，便于覆盖草苫，内部空间大，操作管理方便；其缺点是棚体太重，不易搬迁，拱架体积太大，遮光量大，影响蔬菜生长发育。

6. 装配式镀锌钢管大棚　全部骨架由工厂按定型设计生产出标准配件运至现场安装而成。大棚结构合理，棚体坚固，抗风雪能力强，搬迁组装方便；无支柱，棚内操作管理方便，便于通风、透光，使用年限长。虽然一次性投资太大，但从长远来看，是我国大棚发展利用的方向。

另外，还有复合材料大棚，是利用复合材料代替镀锌钢管做成装配式大棚，这种大棚较轻巧，价格较低，但使用年限较短。

（二）性能及应用

塑料大棚由于较高大，一般不覆盖不透光保温覆盖物，因此光照条件比中小型塑料棚内优越。在大棚离地面 1 米高处的光照度约为棚外的 60%。影响棚内光照强度的因素很多，如薄膜的透光率、骨架的遮阴状况等，均可降低棚内的光照度。棚内的光照时间与露地相同。

塑料大棚覆盖面积大，棚内空间大，温度比不覆盖保温不透光覆盖物的中小塑料棚优越。管理好的大棚，早春平均地温可比露地高 10℃以上。塑料大棚内的气温随外界变化而剧烈变化。在晴天中午，棚内气温比露地可高达 18℃以上，而最低气温仅比露地高 1～5℃。

由于大棚的密闭环境，棚内空气相对湿度十分高，特别是夜间温度低的时候可达 100%。白天随着温度的升高，棚内空气相对湿度有所下降。

大棚的性能决定了在气温较高的南方，主要是用于冬季进行作物栽培；如果冬季不太冷时，可以作为喜温作物的越冬栽培。

（三）塑料大棚内的小气候特点

塑料大棚内光照、温度、湿度等综合气象因素形成复杂的棚内人工小气候。以增温保湿为使用目的的塑料棚内，外界的自然光照是小气候形成能量的基础，光照度的大小、光照时间的长短制约着塑料棚内温度的变化，外界温度的高低又影响棚内热量向外扩散的速度，由于塑料棚没有墙体保护和不透明的覆盖材料，棚温比日光温室更容易受自然温度的影响。同时，棚内小气候还受人工措施，例如扣棚早晚、灌水、蔬菜作物种类及土壤颜色的影响，这些因素均可改变棚内的湿度、地温、气温与光强，从而影响蔬菜的生产。

1. 光照　塑料大棚由于覆盖棚膜，棚内光照度始终低于自然界的光照度。新的塑料薄膜透光率可达 80％～90％，但在使用期间由于灰尘污染、吸附水滴、薄膜老化等原因而使透光率减少 10％～30％。大棚内的光照条件受季节、天气状况、覆盖方式（棚形结构、方位、规模大小等）、薄膜种类及使用新旧程度情况的不同等，而产生很大差异。大棚越高大，棚内垂直方向的辐射照度差异越大，棚内上层及地面的辐照度相差达 20％～30％。在冬春季节，东西延长的大棚比南北延长的大棚光照条件为好，局部光照条件所差无几。但东西延长的大棚南北两侧辐照度可差达 10％～20％。不同棚型结构对棚内受光的影响很大，双层薄膜覆盖虽然保温性能较好，但受光条件可比单层薄膜覆盖的棚减少一半左右。此外，连栋大棚及采用不同的建棚材料等对受光也产生很大的影响。单栋钢材及硬塑结构的大棚受光较好，只比露地减少透光率 28％。连栋棚受光条件较差，比单栋大棚的透过率低 15.7％。从覆盖材料来看，以镀锌钢管为骨架材料建造的塑料大棚断面最小，透光率最高，一般比竹木结构塑料大棚高 10%作用。棚架材料越宽大，棚顶结构越复杂，遮阴的面积越大。大棚的跨度越大，棚架越高，棚内光照度越弱。因此，建棚采用的材料在能承受一定的荷载时，应尽量选用轻型材料并简化结构，既不能影响受光，又要保护坚固，经济实用。

2. 温度　塑料大棚内气温及其变化对蔬菜生长影响很大。塑料大棚的环境受"温室效应"和"密封效应"的制约，其增温效应首先表现在最高气温上。最高气温与天气有关，晴天高，阴天低。早春棚温比室外高 15℃以上，3 月上中旬平均温度棚内比室外高 8～12℃，最低温比室外高 1～5℃。当露地最低温度通过 3℃的日期，可作为大棚最低温稳定通过 0℃的日期，这对预防棚内冻害有一定的参考意义。初冬和早春，大棚内最低温短时间低于棚外最低温的现象称为"棚温逆转"，要采取保温措施，以减少对蔬菜的危害。

3. 湿度　薄膜的气密性较强，覆盖后棚内土壤水分蒸发和作物蒸腾造成棚内高温，如不进行通风，棚内相对湿度很高。当棚温升高时，相对湿度降低，棚温降低相对湿度升高。晴天、风天时，相对湿度低，阴、雨（雾）天时相对湿度增高。在不通风的情况下，棚内白天相对湿度可达 60%～80%，夜间经常在 90%左右，最高达 100%。棚内适宜的空气相对湿度依作物种类不同而异，一般白天要求维持在 50%～60%，夜间在 80%～90%。为了减轻病害的危害，夜间的湿度宜控制在 80%左右。棚内相对湿度达到饱和时，提高棚温可以降低湿度，如湿度在 5℃时，每提高 1℃气温，约降低 5%的湿度，当温度在 10℃时，每提高 1℃气温，湿度则降低 3%～4%。在不增加棚内空气中的水汽含量时，棚温 15℃，相对湿度约为 7%左右；提高到 20℃时，相对湿度约为 50%左右。由于棚内空气温度大，土壤蒸发量小，冬春寒季要减少灌水量。但是，大棚内温度升高，或温度过高时需要通风，又会造成湿度下降，加速作物的蒸腾，致使植物体内缺水蒸腾速度下降，或造成生理失调。因此，棚内必须按作物的要求，保持适宜的湿度。

4. 空气 塑料大棚内由于塑料薄膜覆盖和较高的栽植密度，空气缺少流动与交换，加之作物自身的呼吸作用和棚内施用肥料，使空气中二氧化碳浓度的变化十分剧烈。日出前，由于夜间蔬菜作物的呼吸及土壤中二氧化碳的释放，地面二氧化碳的浓度比露地大气含量高 2～3 倍；上午 8～9 时以后，随着蔬菜作物光合作用的增强，棚内二氧化碳的浓度会很快下降，可降到露地大气含量的一半，甚至使作物处于"饥饿"状况，此时若不加强通风换气，使棚内二氧化碳浓度迅速恢复到正常状态，就会影响到作物的正常生长。另外，在农家肥分解以及施用化肥、农药等过程中会产生大量有毒气体，都会影响作物的正常生长。

(四)大棚内环境条件的调节

1. 棚温和土温调节

(1) 提高棚温 一是采用双层保温幕或多层覆盖调节温度。因夹层中不流动的空气层有较强的保温效果，在棚内再套小棚或地膜，也可采用无纺布等进行浮面覆盖。二是利用地下热交换提高夜间棚温。在地下 50 厘米处埋塑料管 1～3 层，白天将大棚内热气鼓入地下加温土壤，晚上排放到棚内提高棚温。三是棚四周加盖草帘、塑料薄膜，形成双层"围裙"。四是开南门，封北门，门中设双层门，加 1 米高的挡风板。五是避免土壤过湿，实行膜下暗灌。

(2) 提高土温 常用的措施，一是秋后、初冬和早春提前扣棚。二是地膜覆盖，提高地温。高垄覆盖地膜，效果更好。也可在温度过低的时候铺布电热线。

(3) 降低棚温和土温 在南方大棚生产中，降温是非常重要的一项管理工作。常用的降温措施，一是通风换气。早春棚外温度较低时，可卷起顶膜两侧；晚春、初夏棚外温度不太低时，可落下围裙膜换气降温。二是在棚顶覆盖遮阳网，并根据需要选用不同颜色和透光率的遮阳网。三是喷水。可在棚顶安装喷水装置，在棚温过高时，开启喷水系统，让水层顺棚顶流下，带走热量。

2. 光照调节 南方大棚蔬菜栽培主要是增加光照强度。其方法有以下几种：

（1）选用透光率高的塑料薄膜是增加大棚光照的关键。聚乙烯膜比聚氯乙烯膜光滑度高，静电吸附性差，不易污染，透光性较好，但保温和抗张力差。近年推广的无滴膜，透光率比普通膜增加10％以上。

（2）清扫棚面，挂反光幕。每天早晨用扫帚或拖把将棚面上的尘土、杂物清扫干净；挂反光幕是在后部横拉一道铁丝，将聚酯镀铝膜的上端搭在铁丝上，下端卷上竹竿或细绳垂挂，可增加光照25％左右。

（3）延长光照时间，合理减少覆盖可增加棚内光照度。晴天日出1小时后揭掉覆盖物，日落前半小时重新盖上覆盖物。连阴雨后遇晴天覆盖物不宜全揭，要先隔一揭一，逐渐全揭。连阴雨天最好有人工补充光照，还可铺反光膜，增加光照度。

（4）选用无滴、多功能或三层复合膜做棚膜；地膜覆盖减少水分蒸发，采用滴灌；注意通风，开启天棚，在畦间堆放吸湿的稻、麦草等，均可降低空气相对湿度，增强光照度。

（5）根据纬度、季节和栽培目的确定大棚的延伸方向。大棚南北延伸，全天受光均匀，作物生长整齐。为增加光的反射，使棚面与太阳平行光线构成角度尽量加大。在保证大棚稳固的前提下，减少棚架根数，加大透光率。采用整枝、打杈、摘老叶及主副行栽培的办法，减少株间遮阴度。

3. 调节二氧化碳浓度 主要是通过通风换气或大量施用优质农家肥，促进土壤微生物活动，对农家肥进行分解，释放出二氧化碳，增加棚内二氧化碳的浓度。也可用煤、煤油、天然气或焦炭在棚内燃烧后直接释放二氧化碳气体，即施用气肥，以达到补充二氧化碳的目的。也可施用液态或固态二氧化碳增加棚内二氧化碳的浓度。干冰即固态的二氧化碳，是工业产品，在超低温度下制成。

4. 大棚内灌溉的方法　常用的灌溉方法有沟灌、膜下软管滴灌、自动喷灌和滴管。

六、温室的类型与结构

温室是各种类型保护地中性能最为完善的一种。温室不仅是冬春季节淡季蔬菜所必须的设施，而且也是其他栽培方式如露地早熟生产和大棚、地膜等覆盖栽培所必需的配套设施。

（一）温室的类型

一般栽培用温室型式很多。从覆盖材料上区分，有玻璃温室和塑料温室；从规模上又可分为单栋和连栋温室；从屋面型式上又可分为单斜屋面、不等屋面、等屋面、拱形屋面等；从结构上可分为木结构、钢结构、钢铝结构、有机材料结构等。

1. 单斜面采光式温室　这种温室是目前我国北方各地广泛应用的一种型式，又称为单屋面温室，也有人称之为单斜面温室。

这种温室的东、西山墙、北墙以及北屋顶均用保温性好、强度高而不透明的建筑材料构成的围护结构，骨架则绝大部分为木结构或钢筋混凝土结构。北屋顶的面积约占屋顶总面积的1/4或者2/3。南屋面以前多为玻璃覆盖，又可分为一面坡式、两折式、三折式和立窗式。近年来，南屋面已大多采用塑料薄膜覆盖，南屋面骨架改为竹木结构或钢材与竹木混合结构或全钢结构。

单斜面采光温室又因是否进行加温而分为日光温室和加温温室。

（1）日光温室　日光温室不仅白天的光和热来自于太阳辐射，而且夜间的热量也基本上是依靠白天贮存的太阳辐射来供给，所以日光温室又叫做不加温温室。

　　日光温室采光屋面的坡度较大，一般在 30°左右，南北朝向，冬季太阳光的入射角较小，光照的反射损失较少，结构合理的日光温室，保温性能好，在辽宁中北部地区冬季不加温或稍微补充加温（加温天数很少，每天加温时数也少），无需长期加温，即可种植耐寒蔬菜，在北纬 40°以南的地区，则可在冬季生产喜温果菜。这种节能型的日光温室，在结构上一般具有如下一些特点。

　　①后墙采用保温能力强的土墙或砖墙，适当加大厚度（约50 厘米左右），或者采用双层空心砖墙，中间加保温材料，如珍珠岩、锯末、稻壳等。墙外再培以较厚的防寒土（如辽南的日光温室防寒土厚 1～1.5 米），由于后墙导热性差而速度慢，从而使后墙白天变为吸热体，晚间成为向室内的散热体，从而提高了保温效果。

　　②北屋面采用多层保温材料覆盖，如海城式日光温室，一方面北屋面较长，后墙较矮，同时屋顶用整捆秫秸做成房箔，上抹两遍杨脚泥（中间可夹一层旧薄膜），然后再在上面盖一层格荛等保温材料如 30 厘米厚细碎的稻壳、高粱壳、碎稻草等，或 30厘米厚较粗的材料如高粱荛、苞米外皮等，最后再铺放一层整捆的玉米秸或者稻草。

　　③采光屋面尽量减少缝隙，顶部抹严，以减少冬季冷空气渗入，夜间南屋面草帘下面加盖一层由 4～6 张牛皮纸（或旧水泥袋纸）制成的纸被。室内则可以增设二重塑料薄膜保温幕或小拱棚等，以提高室内保温能力。

　　④温室南屋面脚前可挖一条长宽各约 40 厘米左右的防寒沟，内填碎草、格荛等保温材料，上面踩一层 10 厘米厚黏土层，以减少室内土壤热量横向传导损失。

　　采用上述保温措施后，温室保温能力明显改善，在室外达到－25℃左右时，室内仍可保持 0℃以上。日光温室是以太阳辐射为热源的温室，在遇到连续阴天时，室内温度难以保证。在高纬度地区冬季太阳辐射强度弱，尽管它的保温能力强，也难以维持蔬菜正常生长发育的温度。在上述情况下，应进行必要的人工补充加温。

（2）单斜面加温温室　这种温室与日光温室的总体尺寸，如跨度、高度等相差不多，其南屋面也可分为一面坡式、两折式、三折式或立窗式，部分温室也有采用半拱圆式塑料薄膜屋面的。所不同的是它的后墙、后屋顶保温能力差，或者为了进行严冬季节的生产，室内设有专门的采暖设备。最常用的是炉火加温、热水加温，少数温室则采用热风或地热等采暖系统，如炉火加温的北京改良式（两折式）温室的结构。

2. 不等斜面采光温室　建造的方位也是东西走向，南北朝向。特点是具有一南一北两个长度不等的采光屋面，四周的侧墙通常也是采用透明材料，如玻璃或塑料覆盖。多数不等斜面温室的南屋面上占整个屋面的 3/4，故这种温室又有 3/4 式温室之称。

3. 等斜面（采光）式温室　这种温室又叫双斜面式温室，是现代温室中较为常用的建造型式。双斜面式温室的特点是它有两个方向相反但长度和角度都相等的采光面，四周是用透明材料围成的侧墙。所用的覆盖材料主要是玻璃，但也有采用硬质透明塑料板材的。骨架材料多以钢或钢、铝合金为主，也有一些则是钢、木结构建筑。钢骨架一般用镀锌钢板轧制成方形或矩形的型钢或用轻型镀锌槽钢、钢管等为材料。许多现代化温室的玻璃窗柜多用铝合金材料，它的重量轻、强度大，延展性好，所制构件密闭性好，缝隙少。但是，铝合金导热系数大，散热多，不利于保温。

等斜面温室作为一种现代化温室，一般都具有采暖、通风、灌溉等设备，有的还有降温以及人工补充光等设备，因此具有很强的环境调节能力和周年生产能力。

4. 连栋式温室 由两跨或两跨以上等斜面温室连接在一起的温室。这种温室侧墙减少，温室散热面少，室内适于机械化作业，劳动生产率很高。目前国外使用较多，国内也已引进的连栋温室是荷兰的芬洛型玻璃温室及其改进型温室。

双斜面式温室成本高，冬季加温消耗能量大，目前在我国农村难以大面积使用。

(二)温室的应用

玻璃温室在蔬菜生产中主要是用于淡季蔬菜栽培和为露地、大棚生产培育秧苗，一般大型双屋面温室主要用于栽培，传统式单屋面温室有部分是专门用于生产的，如辽宁海城不加温温室就是专门用于冬季韭菜、芹菜生产和冬、春季黄瓜生产。但其中相当一部分是育苗生产兼用温室，即秋冬季进行叶菜或果菜生产，冬春季用于育苗，而在育苗之后，从3~4月份起至6~7月生产一茬果菜。

第三节 越夏栽培设施

一、荫 棚

这是一种遮光设施，各地应用很普遍。结构简单，用材较少。这种栽培形式是在栽培畦上扎棚架，架上用密排的细竹竿或苇帘子遮光。透光率24%~76%，棚下温度可降低2~3℃。

二、塑料薄膜

在夏季，利用温室、大棚、中小棚或新建小拱棚时撤换下来或已污染泥土的废旧塑料薄膜做遮光材料，可起到遮光、降温作用。一般冬季或春季利用过的温室或大小棚，在夏季拆除基部周围的塑料薄膜，加强通风，保留顶部的薄膜，进行越夏蔬菜生产。用这些拆除或撤换下来的旧膜遮光，是既经济又管用的好办法。

三、无 纺 布

无纺布又称不织布，是以聚酯或聚丙烯为原料制成的一种具有较好透气性、吸湿性和透光性的布状覆盖物。在立柱较少的大棚或温室中，用无纺布在室内做第二层保护天幕，在夏季可用于白天遮光。由于无纺布密度较大，遮光性能较好，能有效降低温室、大棚内的温度。

（一）作用特点

无纺布具有降温、透气、透光、调湿、遮光（色布）等特点，是一种理想的蔬菜栽培覆盖材料。投入产出比为 1∶16，每亩菜地覆盖的无纺布一次性投资 200 元，可使用 2～3 年，平均每亩菜田可增值 600～800 元。覆盖无纺布的棚室不需通风，又可减少病虫害发生，省工省力，经济效益可观。

根据纤维种类和制造工艺不同，无纺布分为长纤维和短纤维两种。长纤维无纺布重量较轻，质地柔软。其重量为每平方米 15～20 克，厚度 0.10～0.15 毫米，有白、黑、银灰和白底黑格等颜色，透光率 50%～80%，透水率 70%～90%。短纤维无纺布孔隙率有 10%、25% 和 50% 等多种规格，颜色主要有无色、银色和黑色，透光率 25%～95%。银色、黑色主要用于夏季作物覆盖，用以遮光和降温。

（二）覆盖方法

无纺布的覆盖方法简便多样，大棚内覆盖有浮面法、拱棚法和挂天幕等。这些方法封闭覆盖，安全可靠，无副作用，无污染，是生产绿色食品的有效措施。

浮面覆盖是指将无纺布直接覆盖在地面或作物上，通过无纺布的遮光降温、透气调湿等作用，为甘蓝类蔬菜越夏栽培创造适宜条件，确保蔬菜健康生长，增加产量，改善品质。同时还兼有减轻和预防病、虫、鸟害的作用。

拱棚法是在小拱棚内栽培的作物上浮面覆盖一层无纺布，或者用无纺布代替棚膜覆盖。

（三）无纺布的使用

无纺布可作为苗期浮面覆盖，定植后浮面覆盖，多层覆盖，小棚内覆盖，大、中棚内及日光温室中挂天幕等，或者作为露地蔬菜栽培的保温覆盖。也可在用育苗盘育苗时作为栽培垫底。

四、遮 阳 网

遮阳网又称冷凉纱、凉爽纱，是用塑料扁丝编织成的一种轻质、高强度、耐老化的网状新型农用遮光覆盖材料。遮阳网的强度高，耐老化性好，使用期达 3 年以上。质量轻、柔软，便于运输和操作应用。

（一）遮阳网的种类规格和主要性能

农用遮阳网主要是黑色和银灰色，也有少量绿色、蓝色和黄色等不同颜色的产品。按幅宽规格可分为 0.9 米、1.5 米、2.2 米、4 米几种；按纬编的稀密度可分为每个密区（25 毫米幅宽）中用扁丝 12 根、14 根和 16 根等不同品种。不同型号遮阳网的遮光效果不一样。大棚覆盖黑网，遮光率 60% 左右，遮阳效果显著。棚内最高气温，黑网较对照低 0.3℃，而且湿度大；银灰色网高于对照 1~3℃。

选择遮阳网时，要根据作物种类、栽培季节和不同地区的天气情况，选择相应颜色和规格的遮阳网。黑色遮阳网遮光降温效果较好，适于夏季或对光照要求较低的蔬菜覆盖；银色遮阳网透光性较好，一般用于初夏、早秋和对光照度要求较高的蔬菜作物。如武汉市通过几年用不同规格遮阳网已及其他覆盖材料进行育苗和生产对比试验，筛选出与不同季节、不同作物相配套的规格型号。夏秋季节，高温、强日照，对中光性、弱光性作物主要选择黑色遮阳网；在暴雨季节采用一膜一网覆盖，即棚架上先盖膜再盖网。对喜光性作物主要选择浅色遮阳网，对易感病毒病的作物选择银灰色遮阳网来驱避蚜虫；对需短期覆盖的作物选用黑色网，对需长期覆盖的用银灰色网。幅面2米和2.5米宽，对盖棚及浮面覆盖都可节省拼接的用工。

（二）遮阳网覆盖方式

遮阳网的覆盖方式主要有浮面覆盖、平棚覆盖、大棚覆盖、小拱棚覆盖等。

1. 浮面覆盖 蔬菜播种后，用遮阳网直接覆盖在地面或作物上，待苗齐或定植苗移栽成活后揭网。多采用白天覆盖、晚上揭网的方法。主要用于夏秋作物出苗前遮光、降温以及冬季或早春时防寒。

2. 平棚覆盖 利用竹、木、石柱、铁丝等材料直接搭成平面或斜面的支架，上面用竹竿、铁丝、尼龙绳固定遮阳网，遮阳网要拉直。支架高0.3～1米。适合夏秋速生菜栽培。

3. 小拱棚覆盖 冬春小拱棚骨架用遮阳网进行全封闭或半封闭覆盖。单独应用或在大棚内应用均可。这种方式揭盖方便，一般用于育苗、移栽、秋菜提前栽培或反季节栽培等。

4. 大中棚覆盖 利用大中棚的骨架，将遮阳网直接盖在棚上，即在钢架或竹木架上覆盖。可分为棚顶盖、棚外覆盖和棚内覆盖法3种。

（1）**棚顶覆盖** 将遮阳网直接盖在棚架上，网两侧距地面1.6～1.8米，不用经常揭、盖，既可遮中午的强光，又可利用早晚较弱的阳光。

（2）**棚外覆盖** 直接在棚膜上覆盖遮阳网，边围不盖。这种方式揭盖灵活，适于育苗、制种。

（3）**棚内覆盖** 将遮阳网悬浮固定在棚内，两边固定在棚架上，它的遮光降温效果均较好，不需每天揭、盖。

5. 温室覆盖 在温室上覆盖遮阳网。可以在温室顶上平棚覆盖，也可以在温室内部张挂遮阳网。

（三）遮阳网的揭盖技术

（1）用于遮强光、降高温、防暴雨覆盖时，应做到日盖夜揭；雨前盖，雨后揭。用于防霜冻覆盖时，应做到日落后盖，日出后揭；霜冻前盖，融冻后揭。夏季用遮阳网覆盖育苗时，在定植前5～7天应揭网炼苗，提高秧苗的成活率。

（2）播种至出苗前可进行浮面覆盖，不需进行揭网管理，但必须注意在苗后及时于傍晚揭网。移苗定植后到活棵前，也可进行浮面覆盖，但应实行日盖夜揭的管理。

（3）出苗及活棵后进行棚架覆盖。

（4）根据天气和作物长势灵活揭、盖。如在棚的顶部盖银灰色网，两边盖黑色网，只揭、盖两边，顶部不揭；如南北向种植，只盖顶部和西边，东边少盖或不盖，主要遮西晒；如平棚覆盖，可采取间隔覆盖法，即在一畦菜上，按间作的形式一行盖网，一行不盖，可省材料和揭、盖用工等。

五、防 虫 网

防虫网是一种新型的覆盖材料。它是采用优质聚乙烯为原料，添加防老化、抗紫外线等化学助剂，经拉丝制造而成的网状织物。它是继大棚塑料薄膜、遮阳网之后的又一种新型的覆盖材料，具有拉力强度大、抗热、耐水、耐腐蚀、耐老化、无毒无味、废弃物易处理等优点，能够杀灭常见的害虫，如苍蝇、蚊子等。常规使用收藏轻便，正确保管寿命可达3～5年。颜色有黑色、白色和银灰色3种。

（一）防虫网的覆盖方式

1. 大、中棚覆盖　适用于有棚架设施的田块，是利用夏季空闲大、中棚架覆盖栽培的一种方式。可分为大棚覆盖和网膜覆盖等，可根据气候、网和膜原料灵活选择覆盖形式。

（1）大棚覆盖　用防虫网全程全封闭覆盖栽培，是目前防虫网应用的重要方式，主要用于夏秋甘蓝、花菜等蔬菜生产，其次可用于夏秋蔬菜的育苗，如秋番茄、秋黄瓜、秋莴苣等。通常由跨度6米、高2.5米的镀锌钢管构成，将防虫网直接覆盖在大棚上，棚腰四周用卡条固定，再用压膜线 Z 字形扣紧，只留大棚正门口可以揭盖，实际防虫网全封闭覆盖。但在高温时段，害虫成虫迁飞的活动能力也下降，可揭除两侧，有利通风降温，不会因为揭盖管理影响防虫效果。

（2）网膜覆盖 大棚顶部用塑料薄膜、四周裙边用防虫网覆盖。网膜覆盖提高了农膜利用率，节省成本，能降低棚内湿度，避免了雨水对土壤的冲刷，起到保护土壤结构、降低土壤湿度、避雨防虫的作用，在连续阴雨或暴雨天气，可降低棚内湿度，减轻软腐病的发生，适合梅雨或多雨季节应用，也可在秋季瓜类（特别是甜瓜、西瓜、西洋南瓜、西葫芦等）蔬菜栽培应用。但在晴热天气易引起棚内高温。网膜覆盖，可利用前茬夏菜栽培的旧膜进行。

2. 小棚覆盖 适用于无棚架设施的田块。首先按常规施入一些基肥，精整田块，进行化学除草和封闭消毒，然后播种，并浇入人粪作为盖种肥，随即盖上防虫网。小棚可搭成平棚或小拱棚，棚架要高于蔬菜的生长高度。

3. 水泥柱平棚覆盖 用水泥立柱为支架做成大平棚架，棚高 2 米，棚形依田块而定。

（二）防虫网覆盖应注意的问题

（1）要全程覆盖。因防虫网遮光不多，不需要揭盖。防虫网的两边用砖或土压严实，不给害虫入侵的机会，才能达到防虫效果。浇水直接浇与网上。

（2）覆盖前一定要进行土壤消毒，杀死残留在土壤中的病菌和害虫，切断传播途径，否则网内高温高湿，易发生沤根现象和发生软腐病。栽培时要在覆网后播种或定植。一般风力情况下不用压网线，但遇 5～6 级大风，要拉上网线。

（3）及时清除棚周围杂草、残叶，断绝虫害来源。结合抗病、选择耐热良种、无公害施肥、施用生物农药、利用无污染水源等综合配套措施，效果更佳。

（4）盖防虫网是在土壤施足基肥的前提下进行的，在夏季高温条件下，应注意控制浇水次数和浇水量。

六、遮雨栽培设施

遮雨栽培是利用塑料大棚、日光温室等保护地设施的骨架，顶部覆盖塑料薄膜进行防雨，于夏季多雨季节进行栽培的一种方式。这种方式解决了夏季大雨拍苗、造成涝害、病害严重、操作不便、日照过强、气温过高等一系列问题，使蔬菜在炎夏雨天得以正常生长发育。该栽培方式夏季利用了冬季生产用的保护地设施骨架，提高了保护地设施的利用率。我国江南地区 7～9 月份普遍连续阴雨天气多，是蔬菜生产的淡季，蔬菜市场缺菜现象较为严重。遮雨栽培能很好地解决在夏季雨天的蔬菜生产问题。

（一）栽培设施

目前遮雨栽培主要是在塑料大棚或温室中进行。在夏季，拆除大棚四周的塑料薄膜，温室则拆除南侧立窗的塑料薄膜及北墙上的通气窗，只保留顶上的薄膜，即为避雨设施。为了遮光，降低设施内的温度，在顶部塑料薄膜的内侧可喷上石灰乳或覆盖遮阳网。这样，设施内既可遮雨、遮光降温，又不影响通风。在大棚或温室的四周应挖较深的排水沟。在遇大雨时，严防积水及雨水浸入棚、室内。棚、室内应有灌水设备，使土壤湿度在人的控制下，不受降雨的影响。为了节约投资，在塑料中、小棚中也可以进行遮雨栽培。

（二）整地施肥

遮雨栽培比露地栽培的投资高，为了提高经济效益，应选用肥沃、疏松的地块。播种前深翻，每亩增施有机肥 300～500 千克。

遮雨栽培避免了大雨冲淋的弊端，但是大雨压碱的有益作用也失去了。因此，土壤中的盐分在表层积聚现象很严重。因此，施肥特别是追化肥不可过量，防止土壤溶液浓度过高，影响蔬菜生长发育。

(三) 田间管理

在遮雨栽培中，田间管理与露地基本相同。其不同点是：设施内的气温很不一致，通风面积较大的塑料大、中、小棚内，晴天时气温比露地低 2~3℃，这是由于塑料薄膜遮光造成的。而在通风面积较小的温室内，晴天无风时，气温比外界高 2~3℃。所以在管理中，应尽力加大通风面积，务求夏季有降温效果。此外，还可用黑色塑料薄膜、遮阳网等遮光材料降温。夏季设施内的地温也较高，为了降低地温，一般不覆盖地膜。浇水时，尽量用冷凉的井水。同时，应增加浇水次数及水量，避免干旱现象发生。在遮雨栽培中，夜间设施内的空气湿度很高，易诱发病害，所以及时观察，防治病害是不容轻视的。

第四节　秋延迟栽培设施

秋延迟栽培也可用遮阳网覆盖栽培。不过此季自然气候条件较适宜甘蓝类蔬菜生长，只是在生长后期由于天气转冷，可采取一定保护措施。可设中小棚，不加盖草帘。中小棚一般宽 3 米左右，高 1.5 米左右，用竹木或钢材做骨架，呈拱圆形，以利于甘蓝类蔬菜度过秋后寒冷天气。

第五节　冬季栽培设施

冬季栽培设施主要是塑料大棚和温室的应用。塑料大棚有单栋和连栋之分。塑料大棚由骨架、立柱、拱杆、拉杆、压杆、棚膜、门、窗等部分组成，根据材料的不同又分竹木结构、钢架结构、混合结构、钢筋混凝土结构、装配式钢管结构和全塑料结构等。进行冬季蔬菜栽培应根据当地的具体情况选用不同的温室结构。

塑料大棚内的光照度既受外界光照条件影响，也受大棚方位及结构用材影响。从垂直方向看，棚内高处光照强，向下逐渐递减；南北棚东西差异小；东西棚南北差异较大，北部光照度弱于南部；棚内光照度又与大棚覆盖的塑料薄膜透光性有关。

塑料大棚内温度比中小棚稳定，局部温差较小，但受外界影响较大。大棚保湿性能好，棚内湿度相对于外界要高一些。在棚温高、天晴或有风天气，湿度会降低；在低温、阴雨天温度会下降。塑料大棚对于甘蓝类的栽培有很好的保温作用。

温室比塑料大棚性能好，但其造价昂贵。温室据其建造材料不同可分为塑料温室和玻璃温室，所用材料较坚固，使用年限长。温室可最大限度地摄取和保存太阳辐射能，光照性能好，保温增温能力强，在华北地区应用较多。华南地区也有少量应用，主要用于不耐寒的蔬菜栽培，也可用于甘蓝类蔬菜的越冬栽培。

冬季栽培覆盖遮阳网，也可起到御寒保温作用，设施内地面可平均增温 $0.5\sim2℃$，如遇霜冻，白霜凝结在遮阳网上，可避免直接冻伤植物叶片。遮阳网还可用于早春、晚秋防霜和冬季防冻害覆盖栽培。采用 4 层遮阳网夹 1 层旧薄膜进行冬春覆盖育苗，可取代草帘进行防寒保温覆盖。这种覆盖可防雨雪，轻便耐用，便于保存，降低成本。

第二章

结球甘蓝设施栽培

结球甘蓝又名大头菜、卷心菜、洋白菜、疙瘩白、包菜、圆白菜、包心菜、莲花白等。结球甘蓝适应性和抗逆性均较强，易栽培，产量高，耐贮存，世界各地普遍种植。我国种植结球甘蓝已有较长历史，栽培面积广，全国大部分地方一直是露地栽培。随着保护地蔬菜生产的大力发展，结球甘蓝作为反季节蔬菜生产的主栽种类，填补了淡季市场需求，给餐桌增添了色彩，同时也给种植者带来了较高的经济效益。

第一节　结球甘蓝的生物学特性

一、植物学性状

（一）根

结球甘蓝的根为圆锥根系，主根基部肥大，尖端向地下生长，主根基部分生出许多侧根，在主、侧根上常发生须根，形成密极的吸收根网。其根入土不深，主要根群分布在60厘米以内的土层中，以30厘米的耕作层中最密集；根群横向伸展半径在80厘来范围内，当叶球成熟时可达100厘米的范围，因此抗干旱能力不强，但断根后再生能力很强，移栽时主根、侧根断伤后容易发生新的不定根，故此结球甘蓝适于育苗移植。

（二）茎

结球甘蓝的茎分为营养生长期的短缩茎和生殖生长期的花茎。短缩茎虽在莲座期或结球期稍有伸长，但在整个营养生长阶段基本上是短缩的，短缩茎又分为外短缩茎和内短缩茎。外短缩茎在叶球外着生莲座叶。叶球内着生叶的茎称为内短缩茎，即叶球中心柱。一般内短缩茎越短，叶球越紧密，品质也较好，这是鉴别品种优劣的依据之一。结球甘蓝通过营养生长阶段发育后，进入生殖生长阶段，此时抽出的薹称为花茎；花茎可分枝生叶，形成花序。结球甘蓝花茎的长短、粗细与叶球类型、品种及营养状况有关，营养供应充分、花茎粗壮，分枝多。一般圆球型品种的主花茎明显，而牛心型和扁圆型品种的侧枝较发达。

（三）叶

结球甘蓝的叶可分为子叶、基生叶、幼苗叶、莲座叶、球叶和茎生叶，除球叶为贮藏器官外，其余均为同化器官。不同时期的叶形态差异很大：子叶呈肾形、对生，第一对真叶即基生叶对生，与子叶垂直，无叶翅，叶柄较长；随后发生的幼苗，叶呈卵圆形或椭圆形，网状叶脉；具有明显的叶柄，互生在短缩茎上；随着植株的生长，逐渐长出强大的莲座叶，也叫外叶，结球甘蓝的外叶 10～30 片，早熟品种的外叶一般较少，中、晚熟品种的外叶一般较多。莲座期后期发生的外叶叶片更加宽大，叶柄逐渐变短，以至叶缘直达叶柄基部，形成无柄叶。据此，可以判断品种特性和结球的预兆，作为栽培管理的形态指标。结球甘蓝外叶叶色由黄绿色、深绿色至灰绿色，紫甘蓝品种外叶为红色或紫红色。多数品种叶面光滑无毛，皱叶甘蓝叶片皱缩，叶面覆盖白色蜡粉，一般叶面蜡粉越多，越耐寒耐热。进入包球期再发生的叶片中肋向内弯曲，包被顶芽。随着继续分生新叶，包被顶芽的叶子也随之增大，照此生长下去就形成紧实的叶球。构成叶球的叶片都是无柄叶，为黄白色。叶球形状因品种而异，一般分为圆球型、尖球型（圆锥型）和扁圆型 3 种类型。花茎上的叶称为茎生叶，互生，叶片较小，先端尖，基部阔，无叶柄或叶柄很短。结球甘蓝的叶序为 2/5 和 3/8，有左旋和右旋两种。

（四）花

结球甘蓝为复总状花序，在中央主花茎上的叶腋间发生一级分枝。在一级分枝的叶腋间发生二级分枝，若养分充足，管理条件好，还可发生三级和四级分枝。

生态类型不同的结球甘蓝采种植株的分枝习性差异很大。一般来说，圆球型品种种株的主茎生长势很强，尖球型和扁圆型品种主茎生长势没有圆球型品种强，但一二级甚至三级分枝都比较发达。

每个健壮的种株开花数量因品种和栽培管理条件而异，一般约 800～2 000 朵。开花顺序一般是主薹先开花，然后是由上至下的一级分枝开花，再后是二、三、四级分枝逐渐依次开花。从一个花序来说，不论主枝还是分枝，其花蕾均由下而上逐渐开放。结球甘蓝开花期一般 30～50 天，但不同品种类型春季开花时节早晚与开花期长短有差异，一般来说，在同样栽培管理条件下，尖球型和扁圆型的品种开花时间比圆球型品种早 7 天左右，但开花期一般短 5 天左右。

结球甘蓝的花为完全花，包括花萼、花冠、雌蕊、雄蕊几个部分，开花时 4 个花瓣呈"十"字形排列，花瓣内侧着生 6 个雄蕊。其中两个较短，4 个较长，每个雄蕊顶端着生花药，花药成熟后自然裂开，散出花粉。

结球甘蓝为典型的异花授粉作物，在自然条件下，授扮靠昆虫作媒介。两个不同品种栽植在一起，自然杂交率一般可达 70％左右。其柱头和花粉的生活力以开花当天最强，但柱头在开花前 6 天和开花后 2～3 天均可接受花粉受精。花粉在开花前 2 天和开花后 1 天都有一定的生活力。如果将花药取下贮存于干燥器内，在干燥、室温条件下，花粉生活力可保持 7 天以上，在 0℃ 以下的低温干燥条件下，可保持更长的时间。

从授粉开始到受精过程完成所需的时间，在异花授粉及15～

20℃温度条件下，2～4 小时后花粉管开始生长，经过 6～8 小时穿过花柱组织，经过 36～48 小时完成受精。授粉时的最适温度一般认为是 15～20℃，低于 10℃花粉萌发较慢，高于 30℃影响受精活动正常进行。

(五) 果实和种子

结球甘蓝的果实为长角荚，圆柱形，表面光滑略似念珠状，成熟时细胞壁增厚硬化，种子排列在隔膜两侧。每株一般有有效荚 700～1 500 个。角果的多少因栽培管理条件的不同差异很大。在同一个植株上，大部分有效角果集中在一级分枝上，其次是二级分枝和主枝。每个角果约有 20 粒种子，在一个枝条上，上部角果和下部角果内种子较少，而中部角果种子最多。种子为红褐色或黑褐色，千粒重 3.3～4.8 克。一株生长良好的种株可收种子 50 克左右。

结球甘蓝的种子一般在授粉后 60 天左右成熟，但成熟所需要的时间因温度条件而异。一般在高温条件下种子成熟快一些，温度较低时成熟慢一些。在华北地区，一般 6 月下旬收获种子。因此，5 月中旬以后开的花，即使完成受精也往往不能形成完全成熟的种子，即使形成少量种子，其发芽率也很抵。结球甘蓝种子宜在低温干燥的条件下保存。北方干燥地区，充分成熟的种子在一般室内条件下可保存 2～3 年，而在潮湿的南方只可保存 1～2 年，但在干燥器或密封罐内保存 8～10 年的种子仍可有相当高的发芽率。

二、生长发育及对环境条件的要求

(一) 生长与发育

结球甘蓝是 2 年生蔬菜作物，在适宜的气候条件下，第一年生长出根、茎、叶等营养器官，并在叶球内贮藏大量同化产物，经过冬季低温完成春化阶段，至翌春通过长日照阶段，随即形成生殖器官而开花结实，完成从播种到收获种子的生长发育过程，这个过程可分为营养生长期和生殖生长期。

1. 营养生长期

(1) 发芽期 从播种到第一对基生真叶展开，与子叶垂直形成十字形时为发芽期。因季节不同，发芽期长短不一，其长短与温度、湿度、养分以及种子质量有关。此期管理，适宜温度为20～25℃，夏、秋季节为8～10天，冬、春季节为15～20天。从种子发芽到长出子叶主要靠种子自身贮藏的养分，因此饱满的种子和整理精细的苗床是保证出好苗的主要条件。

(2) 幼苗期 从第一片真叶展开到第一叶环形成达到团棵时为幼苗期。此期生长适宜温度为15～25℃。温度要控制在25℃以下，超过25℃的高温苗会出现徒长；15～20℃的较低温条件下，才能培育出壮苗。一般早熟品种生长5片叶，中晚熟品种生长8片叶。依育苗季节不同，生长期有长短之分，一般冬季70～90天，早春50～60天，夏、秋季25～30天。培养健壮的幼苗，主要与温度、肥水等条件有关，对光照要求不严。因此，为培育壮苗，要改善育苗条件，因地制宜搞好水肥管理，防治幼苗徒长。

(3) 莲座期 从第二叶环出现到形成第三叶环开始结球时为莲座期。在适宜温度条件下，早熟品种需25～30天，中熟品种需40～50天，晚熟品种需70～80天。此期叶片和根系的生长速度快，要采取适当控制肥水和及时中耕的措施，促使根系向纵深发展，防止外叶生长过旺，以利于形成强壮的同化和吸收器官，为形成硕大而紧实的叶球打下基础。

(4) 结球期 从开始结球到叶球形成为结球期。依品种不同需要25～40天，此期应及时追肥浇水，以促使球叶扩展，叶球充实。此外，采种种株还有一个休眠期。种株在2～3个月的低温条件下完成春化阶段发育，华北、东北、西北等地区的种株贮存于菜窖或假植于阳畦等设施内越冬；华北南部及长江流域种株可以露地越冬。在此期间要做好温度、湿度等方面的管理，保证种株安全越冬。

2. 生殖生长期

（1）**休眠期** 休眠期 100～120 天。叶球冬季贮藏，安全度过不适宜的生长季节，植株大部分孕育着花芽，翌年春季定植后进入生殖生长期。

（2）**抽薹期** 从种株定植到花茎长出为抽薹期，需 35～40 天。此期必须经过春化，然后抽薹、现蕾、开花。当年植株通过春化必须在植株长到一定大小、茎粗 0.6 厘米以上、叶宽 5 厘米以上、感受低温作用才能完成。

（3）**开花期** 从始花到终花时为开花期。依品种不同花期长短不一，群体花期为 25～50 天。此期对光、温及水分反应敏感。温度过高或过低及光照不足等都会引起落花。

（4）**结荚期** 从谢花到角果黄熟时为结荚期，需 40～60 天。

3. 发育 结球甘蓝是冬性较强的作物，在发育过程中有明显的低温春化阶段，并且需要长到一定大小的幼苗（或称绿体）以后，才能接受低温感应而完成春化阶段发育，所以又称为绿体或幼苗春化型作物。所谓一定大小的幼苗，可以用植株的茎粗、叶片数目和叶片大小来表示。甘蓝幼苗达到能接受低温时的大小，因品种而异。早熟品种需要茎粗 0.6 厘米以上，最大叶宽 6 厘米以上，具有 7 片真叶以上的幼苗；中晚熟品种要在茎粗 1 厘米以上，最大叶宽 7 厘米以上，具有 10 片左右真叶的幼苗。幼苗接受的低温范围是 1～15℃，1～4℃进行得最迅速，15℃以上则很难通过春化阶段发育。完成春化的时间长短因品种不同而异。一般早熟品种需 45～50 天，中晚熟品种需 60～90 天。栽培中的春甘蓝一旦通过春化阶段，就很容易发生未熟抽薹现象。

结球甘蓝属长日照作物，长日照有利于其生长发育，但在不同地区不同气候条件下形成的不同类型品种，对光照条件的要求不完全一致。尖球型、扁圆型品种完成阶段发育对光照要求不严格，而圆球型品种必须经过较长的长日照才能顺利通过阶段发育，完成抽薹、开花、结实等生育过程。

（二）对环境条件的要求

结球甘蓝对环境条件的要求不如大白菜那样严格，因此它比大白菜适应性广，抗病、抗逆性也强。

1. 对温度、水分、光照的要求

（1）温度　结球甘蓝喜温和冷凉的气候，但对寒冷和高温也有一定的忍耐能力。一般在月平均气温 6～25℃的条件下都能正常生长与结球，其中 15～25℃的条件下最适宜其生长。但在各个生长时期对温度的要求也有一定差异。如种子发芽适温为18～20℃，但在 2～3℃条件下也能缓慢发芽。结球期生长适温为7～25℃，其中以 15～20℃最为适宜。种株花期适温为 20～25℃，开花期遇到低温或高温，影响种子的质量和产量。

结球甘蓝在不同生长期对高温的适应力有所不同。幼苗和莲座叶形成期对 25～30℃的高温有较强的适应力。进入结球期，要求温和冷凉的气候，特别是在昼夜温差明显的条件下，有利于养分积累，结球紧实。高温会阻碍包心过程，在 25～30℃高温干旱条件下，同化作用降低，呼吸消耗增强，往往造成生长不良，引起基部叶片枯黄脱落，使外径延迟，叶球变小、松散，从而降低产品品质和产量。开花时如遇连续几天 30℃以上高温，则对开花、授粉、结实造成不良影响。

对低温的忍耐力往往因品种、生长期不同而有差异。刚出土的幼苗抗寒能力弱，随着植株的生长，耐寒力逐渐加强，具有 6～8 片叶的健壮幼苗能忍耐较长时期 −1～−2℃及较短期的 −3～−5℃低温，经过低温锻炼的幼苗能忍耐极短期 −8℃甚至 −12℃的严寒。在 5～10℃的低温时，叶球仍能缓慢生长。成熟的叶球耐寒力虽不如幼苗，但早熟品种的叶球可耐短期 −3～ −5℃的低温，中晚熟品种的叶球能耐短期 −5～ −8℃的低温。在抽薹开花期，抗寒力很弱，10℃以下的低温影响正常授粉结实，遇到 −1～ −3℃的低温，将使花薹受冻害。

总之，结球甘蓝苗期比较耐寒，结球前抗热性较差。苗期具有一定的耐热能力，可在 25～28℃ 的温度条件下正常生长；叶球较耐寒，能在 5～10℃ 条件下缓慢生长。所以，栽培结球甘蓝只要将结球期安排在月平均温度 10～21℃ 比较缓和的季节，一般都能生长良好。

（2）水分　结球甘蓝根系分布较浅，且外叶大，水分蒸发量多，因此要求在湿润的栽培条件下生长，一般在 80%～90% 的空气相对湿度和 70%～80% 的土壤湿度下生长良好。其中，尤以对土壤的湿度要求严格，如果土壤水分保持适当，即使空气湿度较低，植株也能生长良好。如果空气干燥，再加上土壤水分不足时，会造成生长缓慢，包心延迟。结球甘蓝不耐涝，如果雨水过多，土壤排水不良，根系泡水受渍而变褐死亡。因此，在结球甘蓝栽培过程中，排灌措施要配套，做到旱能浇，涝能排，才能达到高产稳产的目的。

（3）光照　结球甘蓝属于长日照作物，在未通过春化阶段前，充足的日照有利于生长，但对光照强度的要求不像果菜类那么严格，故在阴雨天多、光照弱的南方和光照强的北方都能生长良好。其中，在幼苗期和莲座期要求较强光照，幼苗期光照不足易形成高脚苗；莲座期光照不足基部叶黄萎脱落，不利结球；在结球期要求日照较短、光照较弱，所以春结球甘蓝和秋结球甘蓝结球好，产量高；夏结球甘蓝由于高温、强光照或阴雨过多，因而生长不良，不但影响产量和品质，而且容易发生病害。一般夏季栽培结球甘蓝除要选择抗病耐热的品种外，还要利用遮阳网防止强光照和防暴雨。在高温季节，与玉米等高秆作物进行遮阴间作，可使夏季甘蓝获得较好的收成。长日照对分化后的种株抽薹、开花有促进作用。

2. 对土壤、肥料的要求

（1）土壤　结球甘蓝对土壤适应性较强，从沙壤土到黏壤土均能种植。在中性到微酸性的土壤中生长良好，但在酸性过度的土壤中表现不好，且根肿病等也容易发生。故在偏酸性的土壤中应补充石灰和必要的微量元素。甘蓝能忍耐一定的盐碱性，据调查，在含盐量 0.75%～1.2% 的盐渍土上仍能正常生长与结球。

（2）肥料 结球甘蓝为喜肥、耐肥作物。由根吸收土壤中的水分和氮、磷、钾等输送到叶中，叶片一面进行光合作用，一面在酶的作用下把这些养分有机态化，形成根、茎、叶、花和种子，完成生长发育周期。

苗期和莲座期需要较多的氮，特别是莲座期达到高峰。土壤中的氮以硝态氮（$NO_3 - N$）或氨态氮（$NH_4 - N$）的形式被根吸收到植株体内，经转化，一部分合成各种氨基酸和必要的蛋白质，另一部分则有机化成为核酸及其他物质。一般来说，在比较肥沃的田块要减少氮肥施用量，在肥力一般的田块可多施一些。不管地力差异如何，每次追肥以每亩 20 千克左右为适量。

结球甘蓝在叶菜中是含磷量相当多的一种蔬菜。如果缺乏必需量的磷，就不可能正常生长发育，特别是在结球期需磷量达到高峰。在肥沃的菜田里，磷是充足的，往往看不出生育的差异；在比较瘠薄的田块上，要增施磷肥，否则就会影响结球。甘蓝生长初期很少吸收钾，但在结球开始之后就逐渐增加。钾在细胞中以无机态存在，或者与钙、镁等一起在植物体内起着酸的中和或缓冲作用，或在植物体内帮助完成转移阴离子的任务。结球甘蓝整个生长期吸收氮、磷、钾的比例为 3:1:4。

除了氮、磷、钾外，还需要其他无机元素，如植株体内钙的含量较多，仅次于氮。钙除具有钾的中和及缓冲酸性的作用外，还可完成有机酸的解毒作用，使代谢顺利进行。缺钙或不能吸收时，特别在生长点附近的叶子就会枯萎或引发叶球干烧心病。结球甘蓝对镁、硼、锰、钼、铁等微量元素需要量不多，但一旦缺乏也会引起各种不良反应。

第二节　结球甘蓝品种类型和优良品种

一、结球甘蓝的分类

结球甘蓝的分类方法有植物学、叶球形态、栽培季节、成熟期和生态特点等分类法。

（一）植物学分类法

结球甘蓝可分为普通甘蓝、紫甘蓝、皱叶甘蓝3个变种。这是最基本的分类方法。

1. 普通甘蓝　叶面平滑，无显著皱纹，叶中肋稍突出，叶色绿至深绿。为我国和世界各地栽培最普遍、面积最大的一个变种。

2. 紫甘蓝　叶面和普通甘蓝一样，平滑而无显著皱纹，但其外叶、球叶均为紫红色。炒食时转为黑紫色，不甚美观，一般宜凉拌生食。栽培面积远不如普通甘蓝，我国一些地区作为特菜栽培，面积逐年扩大。

3. 皱叶甘蓝　叶色似普通甘蓝，绿色至深绿色，叶片因叶脉间叶肉很发达，凹凸不平而使叶面皱缩。球叶质地柔软，风味好，可炒食。在我国部分地区作为特菜栽培，但栽培面积不大。

（二）叶球形状分类法

1. 扁球类型　叶球扁圆、较大，已选育出一些球形较小的扁球类型新品种。多为中晚熟，冬性较强，作春甘蓝种植时不易发生未熟抽薹，其中一部分冬性极强。一般抗病，抗热、抗寒性较强。该类型完成阶段发育对光照长短不敏感。高度介于圆球型与尖球型之间。我国各地春、秋季栽培的中晚熟甘蓝及秋冬甘蓝多为这种类型。

2. 圆球类型　叶球圆球形或近圆形，多为早熟或中熟品种。叶球紧实，球叶脆嫩，品质较好。此类型冬性较弱，作春甘蓝种植时，如播种过早或栽培管理不当，易发生未熟抽薹。抗病、抗热,抗寒性均较差。完成阶段发育须有较长时间的光照。作早熟春甘蓝栽培的多为这类品种。

3. 尖球类型 叶球似牛心形,多为早热品种,冬性较强,作为春甘蓝种植不易未熟抽薹,抗病、抗热性差,抗寒性强。完成阶段发育对光照长短不敏感。这类品种主要在我国长江流域做春、秋栽培。

(三)栽培季节及熟性分类法

一般可分为春甘蓝、夏甘蓝、秋冬甘蓝及一年一熟大型晚熟甘蓝 4 种类型。有的类型还可以按成熟期早晚分为早、中、晚熟。

1. 春甘蓝 适于在冬季播种育苗春季栽培的类型。该类型品种一般品质较好,但抗病、耐热性较差。按其成熟期又分为早熟春甘蓝和中晚熟春甘蓝。早熟春甘蓝定植后 40~60 天可以收获,叶球多为圆球型或尖球型。中晚熟品种春甘蓝定植后 70~90 天收获,叶球多为扁圆形。

2. 夏甘蓝 一般指在二季作地区 4~5 月播种,在 8~9 月收获上市的品种类型。该类型品种一般耐热、抗病性较好,叶色较深,叶面蜡粉较多,多为扁圆形的中熟品种。但近年在高海拔或高纬度的冷凉地区,夏季种植早熟圆球类型品种面积逐年增加。

3. 秋冬甘蓝 适于在 7~8 月播种、秋冬季收获上市的品种类型。该类型品种一般抗病、耐热性较好,按成熟期早晚还可分为早熟、中熟、晚熟秋冬甘蓝。早熟品种多为近圆球型,定植后60 天左右可收获,中晚熟品种一般为扁圆球型,定植后 70~90天可收获。

4. 一年一熟大型晚熟类型 该类型主要分布于我国长城以北及青藏高原等高寒地区。由于这些地区无霜期短,无明显夏季,而品种生育期又较长,因而只能一年一熟。一般 3~4 月播种,10 月收获,是这些地区的主要冬贮蔬菜。

二、优良结球甘蓝品种

1. 探春　江苏省农业科学院蔬菜研究所育成的一代杂种。探春为牛心型春秋兼用甘蓝新品种，冬性强，球形美观，颜色翠绿。植株开展度 60 厘米左右，较直立，叶色翠绿，外叶数 10 片左右。叶球尖形，球形指数约 1.5，结球坚实，平均单球重 1.2～1.5，亩①产量 3 500 千克左右。该品种丰产抗病，冬性极强，春天不易抽薹，品种特性表现稳定。在长江中下游地区可秋季露地及春季露地越冬栽培，也可进行春季设施栽培。在长江中下游地区，春季栽培一般在 9 月下旬到 10 月初播种，11 月下旬到 12 月初定植，4 月下旬至 5 月初即可上市。秋季栽培，最佳播种期为 7 月中旬。定植后 60 天左右即可采收。

2. 早生翠美　江苏省农业科学院蔬菜研究所育成的一代杂种。为秋季专用牛心型早熟甘蓝新品种。植株开展度 55 厘米左右，叶色绿，蜡粉中等，外叶数 8 片，叶球胖尖形，球形指数 1.2，单球重 1.0～1.5 千克，叶球肉质脆嫩，味甘甜。

3. 苏甘 55　江苏省农业科学院蔬菜研究所育成的一代杂种。为设施专用牛心型早熟甘蓝新品种。植株开展度 50 厘米左右，球形尖，颜色亮绿，株高 33 厘米，外叶数 8 片，单球重 1.0～1.5 千克，球高 18 厘米，球宽 15 厘米，中心柱长 8 厘米。品质脆甜，商品性佳。定植后 55 天左右即可采收。适宜长江流域设施栽培。

4. 苏甘 60　江苏省农业科学院蔬菜研究所育成的一代杂种。为扁球型春秋兼用甘蓝新品种。球形美观，颜色翠绿。株高 26 厘米，开展度 601 厘米，外叶数 10 片，球高 15 厘米，球宽 20 厘米，单球重 1.0～1.5 千克。定植后 60 天左右即可采收。

5. 美绿　江苏省农业科学院蔬菜研究所育成的一代杂种。

---

① 亩为我国非法定使用计量单位，15 亩＝1 公顷。——编者注

为中早熟耐储圆球形甘蓝新品种。开展度 60 厘米左右，球叶翠绿，有光泽，覆叶类型好，外叶数 13 片左右，叶球圆球形，球型圆整、美观，结球坚实，平均单球重 1.8～2.5 千克，可根据市场行情分批采收。中心柱短，耐裂球，耐存放，耐运输，抗病性强。春天不易抽薹，商品性好，品种特性表现稳定。定植后 60～65 天可以收获。

6. 苏甘 8 号　江苏省农业科学院蔬菜研究所育成的一代杂种。植株开展度 60～70 厘米，叶色绿，蜡粉中等，外叶数 12～14 片，叶球扁圆，球形指数 0.62，叶球紧实度 0.65，单球质量 2 千克，亩产量 4 000 千克以上。具有冬性强、丰产、耐寒性强、耐高温能力强（夏季 32℃以上高温条件下生长正常）、品质好、抗病性强等特点。春季全生育期 210 天，夏秋季为 110 天左右。

7. 春丰　江苏省农业科学院蔬菜研究所育成的一代杂种。具有早熟、丰产、耐寒、冬性强、品质优、整齐度好等特点。株型中等，开展度 70 厘米左右，外叶 12 片左右，叶色灰绿，蜡粉中等。叶球桃形（胖尖），结球紧实，单球重 1.2～1.5 千克，亩产 3 000～4 000 千克。一般在陇海线及其以南地区作露地越冬栽培，淮北地区可用冷床或小棚育苗，春后定植。在长江中下游地区，一般在 9 月下旬到 10 月初播种，11 月下旬到 12 月初定植。

8. 苏甘 20　江苏省农业科学院蔬菜研究所育成的一代杂种。为早熟露地越冬春甘蓝品种。成熟期 145 天。植株开展度 50.3 厘米，生长势较强，叶色浅绿，蜡粉中等，叶球牛心形，整齐度好。单球质量 1 千克左右。冬性强，耐寒性较好。该品种熟性早，翌年 4 月上中旬上市。建议在江苏、上海、河南、湖南、江西、重庆适宜地区作露地越冬甘蓝栽培。

9. 苏甘 21　江苏省农业科学院蔬菜研究所育成的一代杂种。早熟露地越冬春甘蓝品种，成熟期 138 天。植株开展度 49 厘米，叶色绿，蜡粉较少，叶球牛心形。冬性强，耐寒性较好。长江流域 10 月中旬播种，11 月中下旬定植。该品种熟性早，不需治虫，翌年4月中旬上市。建议在贵州、重庆、湖北适宜地区作露地越冬栽培。

10. 春眠　江苏省农业科学院蔬菜研究所育成的中熟春甘蓝一代杂种。植株开展度75厘米左右，株型较大。叶色灰绿，有蜡粉。叶球扁圆形，球大而紧实，单球重2.5千克左右。冬性强，露地越冬不易先期抽薹，较抗寒。适于长江流域及其南部地区做春季栽培。长江流域可在9月中下旬播种，11月初定植，株行距45厘米左右。翌年5月中旬左右上市，每亩产量约4 000千克左右。

11. 博春　江苏省农业科学院蔬菜研究所育成的一代杂种。植株半直立，株高29厘米，植株开展度50厘米左右。叶色灰绿，蜡粉中等，外叶数12片左右，叶球牛心形，叶球底部形状圆，球色绿，叶球紧实度0.5左右，单球质量1.2千克左右，冬性强，露地越冬栽培不易发生先期抽薹现象，耐寒性好，品质优，味甘甜。越冬栽培生育期144天左右，属露地越冬早熟春甘蓝品种。亩产量约3 500千克左右。该品种适宜我国长江流域及以南地区可露地越冬栽培。

12. 春丰007　江苏省农业科学院蔬菜研究所育成的极早熟春甘蓝一代杂种。具有早熟、品质好、露地越冬不抽薹等特点。植株开展度58.7厘米，株高28厘米，叶色绿，蜡粉较少，叶缘微外翻，叶微皱，叶脉稀，叶球桃形，球形指数1.1，中心柱占球高的45.0%，帮叶比为25.6%，肉质脆嫩，味甘甜，单球重1千克左右；露地越冬栽培全生育期180天左右，适合我国南方地区露地越冬栽培，于10月10日左右播种，亩产量约3 500千克左右。翌年4月中旬即可供应市场，具有较高的社会效益和经济效益。

13. 春雷　江苏省农业科学院蔬菜研究所育成的露地越冬栽培、不易先期抽薹的早春甘蓝一代杂种。株型中等，开展度65厘米左右，叶色深绿，叶缘微下翻，总外叶数22片左右。叶球厚扁圆形，球形指数 0.73，叶球紧实度 0.55，中心柱高为球高的 47%。单球重 1.2～1.5 千克。叶质脆嫩，抗干烧心病，耐寒，冬性较强。早熟，4 月上中旬可上市，亩产量约 3 000～3 500千克，最高可达 4 000 千克。在长江中下游及以南地区露地越冬栽培，可在 10 月中下旬播种，在淮河以北地区保护地育苗，可在 12 月上中旬播种。

14. 京丰 1 号 中国农业科学院蔬菜研究所和北京市农业科学院育成的一代杂种。开展度 70～80 厘米。有外叶 12～14 片，成叶近圆形，叶色深绿，背面灰绿，蜡粉中等。叶球扁圆形，结球较紧。单株重 3.5 千克左右，单球重 2.5 千克左右。在北京市属中晚熟品种，定植后 85～90 天开始采收。生长整齐一致，杂交优势比较明显。抗病，适应性强。球叶肉质脆嫩，品质中上。亩产量约 4 000～6 000千克。适于东北、华北及长江下游、黄淮海地区种植。

15. 中甘 8 号 中国农业科学院蔬菜花卉研究所育成的一代杂种。植株开展度约 60～70 厘米，外叶 16～18 片，叶面灰绿色，叶面蜡粉较多。叶球扁圆形，叶球纵径 12 厘米，横径 24 厘米左右，球内中心柱长 5～6 厘米，叶球紧实度 0.43～0.53，单球重 2～3 千克。秋季早熟，定植至收获 60～65 天。耐热性好，适应性广，抗芜菁花叶病毒病，主要用于秋季栽培，也可兼作中熟春甘蓝和夏甘蓝栽培。亩产量约 4 000～5 000千克。适于我国各地作中熟秋甘蓝栽培，也可兼作中熟春甘蓝和夏甘蓝栽培。

16. 中甘 9 号 中国农业科学院蔬菜花卉研究所育成的一代杂种。适于华北、西北、中南、华东等地区秋季栽培。株高28～32 厘米，开展度 60～70 厘米，外叶 15～18 片，深绿色，叶面蜡粉中等、叶球绿色，叶球扁圆略鼓，纵径约 15 厘米，横径约 24 厘米，叶球紧实，单球重约 3 千克。叶球外观符合市场要求，叶质脆嫩，风味品质优良。秋播表现中熟，定植到收获约 85 天。耐寒、耐热、耐贮性较强。高抗病毒病，抗黑腐病。

17. 中甘 11 号 中国农业科学院蔬菜花卉研究所育成的一代杂种。植株幼苗期真叶呈卵圆形，深绿色，蜡粉中等。收获期植株开展度 46～52 厘米，卵圆形。叶球近圆形，球内中心柱长6～7 厘米。早熟品种，在北京定植 50 天左右可收获。亩产量3 000～3 500 千克。球叶质地脆嫩，风味品质优良。抗寒性较强，不容易先期抽薹，抗干烧心病。在肥水条件好的地方，更能发挥其早熟、丰产的优良特性。该品种主要适于我国北方及西南部分地区春季种植。华北地区于 3 月初冷床育苗或 1 月中下旬温室播种育苗，3 月底 4 月初定植，每亩栽植 4 500 株。

18. 中甘 12 号 中国农业科学院蔬菜花卉研究所育成的早熟春甘蓝一代杂种。株形紧凑，开展度 40～50 厘米，外叶深绿，叶缘无缺刻，蜡粉中等，外叶 13～15 片。叶球近圆形，球高 12厘米，横径 12 厘米，球顶近圆，单球重 500～650 克。极早熟，定植后 45 天收获，成熟一致，收获集中。叶质脆嫩，品质优良，球内中心柱 5～7 厘米，低于球高的 1/2，叶球紧实，紧实度达0.57～0.62。对肥水条件要求中等，抗寒性、冬性较强，不易未熟抽薹。华北地区一般于 12 月底至 1 月初冷床（阳畦）播种，或 1 月下旬在改良阳畦或温室播种，3 月下旬定植露地或 3 中旬定植大棚，为促进早熟高产，可加盖地膜。在一般水肥管理情况下，每亩可定植 5 500 株，保护地栽培以每亩定植 5 000 株为宜。适于我国华北、东北、西北地区及华东、华中北部地区种植。

19. 8398 中国农业科学院蔬菜花卉研究所育成的一代杂种。为早熟春甘蓝品种。植株开展度 40～50 厘米，叶色浅绿，蜡粉较少。叶球圆球形，紧实度 0.54～0.60，中心柱长低于球高一半。冬性强，叶质脆嫩，风味品质优良。未发现未熟抽薹及干烧心病。从定植到成熟 50 天左右，平均单球重 0.8～1.0 千克。亩产量 3 000～4 000 千克。华北地区于 12 月底至 1 月初在冷床播种，或者 1 月中、下旬在改良阳畦、温床、温室播种。每亩定植 4 500 株为宜。可在华北、东北、西北等地区作春甘蓝栽培。在天津、广东等地作秋冬甘蓝种植。

20. 中甘 15 号　中国农业科学院蔬菜花卉研究所育成的春甘蓝一代杂种。植株开展度 45～48 厘米，外叶 14～16 片，叶色绿，蜡粉较少。叶球紧实，近圆形，叶质脆嫩，风味品质优良。冬性较强、不易未熟抽薹。春季从定植到商品成熟 55 天左右，单球重 1.3 千克左右，亩产量约 4 000 千克。华北地区春露地种植一般 1 月中下旬在温室育苗，2 月中下旬分苗，3 月底到 4 月初定植露地，5 月下旬收获上市。亩栽培约 3 800 株。该品种亦可秋冬种植，一般在 7 月中下旬播种，注意防雨、排涝和防虫，8 月中下旬定植，10～11 月收获。主要适于我国华北、东北、西北及云南春季露地或保护地种植。高寒地区亦可晚春播种，7～8 月上市。长江以南及华南地区可秋季播种、定植，冬季上市。

21. 中甘 21 号　中国农业科学院蔬菜花卉研究所育成的春甘蓝一代杂种。定植到收获 55 天左右。叶球圆球形，紧实度高，耐裂球，品质优。适宜在我国华北、东北、西北等地区作早熟春、秋甘蓝栽培，长江中下游及华南部分地区也可在秋季播种，冬季收获上市。植株开展度平均为 43 厘米×44 厘米，外叶色绿，蜡粉中等，圆球形，叶球紧实，耐裂球，球叶深绿，叶质脆嫩，中心柱长 5.0～7.0 厘米，单球重平均 0.9 千克左右，早熟性好，从定植到收获约 55 天。田间抗病毒病和黑腐病适于华北地区进行早秋栽培，6 月底到 7 月上中旬播种，7 月底至 8 月初定植。由于育苗期正值高温多雨的夏季，育苗过程中要注意遮阴、防雨、降温，并及时防虫。由于植株开展度小，每亩定植密度以 4 000～4 500 株为宜。春季种植于 1 月中旬播种，3 月下旬定植，每亩 4 500 株。

22. 中甘 22 号　中国农业科学院蔬菜花卉研究所育成的中早熟秋甘蓝一代杂种。采用胞质不育系作母本配制而成，整齐度高。植株开展度 52.6 厘米，外叶 10.6 片，叶形倒卵圆形，叶色绿，叶面蜡粉中等，叶球紧实、近圆形，单球质量 1.75 千克，球内中心柱长 6.5 厘米，小于球高的 1/2。熟性较早，定植到收获约 60 天，品质优。耐热性和耐裂球性较强，抗 TuMV、田间抗黑腐病。华北地区秋播可在 7 月上旬播种，每亩栽 3 000 株左右。主要适于华北、东北、西北及西南部分地区早秋季栽培。

23. 春甘 2 号 江苏镇江农业科学研究所育成的一代杂种。为中早熟露地越冬春甘蓝品种，成熟期 149 天。植株开展度较大，株高 32 厘米，开展度 57 厘米左右，外叶灰绿色，蜡粉中等，植株生长势旺盛。叶球近圆球形，结球紧实，耐裂球，单球质量 1.12 千克，叶球纵径 16 厘米左右，中心柱长约 6.8 厘米，中心柱较短。球色为鲜绿色。田间调查抗病，耐寒性较强。长江流域 10 月上中旬播种。每亩栽 3 000～3 200 株。在浙江、河南、安徽、重庆、湖北、湖南、江苏、江西适宜地区作露地越冬春甘蓝种植。

24. 夏王 江苏正大种子有限公司推出的夏甘蓝一代杂种。产量高，品质好，抗病力强，早熟，抗热性强，高温结球率高。适于夏季栽培，是在夏秋之交蔬菜淡季上市的优良品种。株高 26.2 厘米，开展度 38.2 厘米，叶球扁圆形，高 12.3 厘米，横径 19.1 厘米，外叶少，球紧实，色绿白，净菜率 74.2%，高温结球率 92.5%，包心适温 28～35℃，单球净重 0.5～1.0 千克。熟性较早，定植至采收 60 天左右，抗软腐病和黑腐病能力强。

25. 夏光 上海市农业科学院园艺研究所育成的一代杂种。属中早熟品种，耐热性强，适于越夏栽培。该品种株高 32～35 厘米，开展度 60～70 厘米，外叶 15～18 片，叶色灰绿，蜡粉较多，叶缘微波形。叶球扁圆形，叶球紧实。单球重 1 千克左右。抗黑腐病、病毒病的能力较弱。具有早熟、耐热、丰产等优点。适于长江中下游地区作夏甘蓝和早秋甘蓝栽培。作夏季栽培的，5 月中旬至 6 月中旬播种；作秋季栽培的，6 月下旬至 7 月下旬播种，播种后 15～20 天移苗一次，苗距 5 厘米见方，半个月后即可定植，定植株距 40 厘米。每亩种植 3 500 株左右。雨后主要排涝，防止叶球腐烂。在整个生长期追肥3～4次，并注意防治虫害。定植后60～70天即可采收上市。

26. 争春 上海市农业科学院园艺研究所育成的春甘蓝一代杂种。植株开展度60厘米左右，外叶8～11片，叶球圆球形，纵径17.4厘米，横径16.8厘米，球内中心柱长7.4厘米，中心柱宽2.8厘米，叶球紧实度0.57，单球重1.5千克。早熟，不易未熟抽薹，越冬栽培从定植到收获约150天，上海地区一般于4月底至5月中收获。亩平均产量约3 000千克。适于长江中下游地区种植。

27. 延春 上海市农业科学院园艺研究所育成的春甘蓝一代杂种。植株开展度50～53厘米，外叶9～10片，叶色深绿，叶缘呈波浪形，叶面蜡粉少。叶球高圆形，球高17～18厘米，中心柱长7～8厘米，叶球紧实度0.63，单球重1.2～1.5千克。冬性强，不易先期抽薹。叶球质地脆嫩，纤维少，风味品质优良。适于黄河以南和长江流域广大地区栽培。在上海地区适宜的播种期是10月上旬，翌年4月中下旬即可收获。

28. 西园3号 西南农业大学园艺系于1983年育成的秋甘蓝一代杂种。株高33厘米左右，开展度65厘米左右。心叶淡绿，外叶绿色，近圆形，叶面平展，蜡粉多。叶球高、扁圆形，球高14厘米左右，横径25厘米左右，淡绿白色。单球重2～3千克，净菜率74%左右。植株性状整齐，生长势旺，叶球包心紧实。晚熟种，在四川重庆全生长期130～150天。秋冬栽培一般亩产5 000千克。品质优良，质地脆嫩，微甜。对病毒病、软腐病和霜霉病有一定耐性，易感染黑腐病。在四川、重庆作秋冬甘蓝栽培，于7月上、中旬播种，8月上、中旬定植；作春甘蓝栽培，于10月下旬至11月上旬播种，1月中、下旬定植。作秋冬甘蓝栽培可在12月份收获，作春甘蓝可在5月下旬至6月上旬收获。适宜四川省大部分地区作秋冬甘蓝栽培。

29. 西园4号 西南农业大学园艺系育成的秋甘蓝一代杂

种。为一代交配种，早中熟，株高28厘米，植株开展度65厘米左右，外叶16～18片，叶色绿色，蜡粉中等，叶脉较密，植株长势强，抗病毒病，性状相当整齐，叶球扁圆形，球高10～12厘米，横径20～25厘米。球内中心柱长5～6厘米，结球紧实，品质佳，单球重2.5～3.5千克，定植后60天收获，亩产4 500～5 000千克。长江流域6月中下旬播种，7月下旬定植，亩定植2 200～2 500株。

30. 西园8号 西南农业大学园艺系育成的秋甘蓝一代杂种。开展度50厘米左右，外叶12～14片，叶绿色，叶脉较密，蜡粉中等，叶面平展；叶球扁圆形，球高10～14.7厘米，横径14～20厘米。叶球紧实度0.5以上。单球重1.5千克左右。抗热、抗病力强。一般每亩产量3 000千克，高的达4 000千克以上。从定植到收获70天左右。适于重庆市及四川省作早秋甘蓝栽培。5月中旬至6月播种育苗，苗龄30～35天即可定植，株行距40厘米×50厘米。每亩定植3 000株左右。

31. 西园11号 西南农业大学园艺系育成的秋甘蓝一代杂种。生育期165～185天，植株开展度65厘米左右，外叶12片左右，叶色绿色。叶球高扁圆形，叶球纵径15.9～16.4厘米，横径18.2～18.9厘米，叶球紧实度0.51，球内中心柱长8.1厘米，单球质量1.5千克左右。叶质脆嫩，商品性好，耐先期抽薹。亩产量3 500千克左右。适宜重庆、四川等地区作春甘蓝栽培。

32. 春宝 浙江省农业科学院园艺研究所育成的春甘蓝一代杂种。植株开展度45～55厘米。外叶12～13片，叶片厚实，叶色蓝绿，叶面蜡粉中等。叶球牛心形，中心柱短，球形美观。球高28厘米，横径15厘米，单球重约1千克。早熟，在杭州地区4月下旬叶球成熟。冬性强，在播种适期和良好的栽培技术条件下，不会先期抽薹。产量高，一般亩产量3 000～4 000千克。适应性广，具有抗病、耐寒、耐贮运和品质好等特点。适于长江流域及其以南地区作春季栽培。杭州地区 10 月 10 日播种，11 月下旬定植，杭州市以北地区应适当提早播种，杭州市以南地区则推迟播种。每亩种植 3 000～4 000 株。

33. 春早 浙江大学蔬菜研究所育成的一代杂种。早熟露地越冬春甘蓝品种，成熟期 141 天。植株开展度 60 厘米，株高 30 厘米，叶色深绿，叶球桃形，球形指数 1.7，单球质量 1.2 千克。冬性强，耐寒性较好。长江流域露地越冬栽培，10 月中旬播种，11 月中下旬定植。每亩大田用种量 50 克左右，定植株距为 40 厘米左右，一般每亩种植 3 500～4 000 株。建议在江苏、浙江、河南、江西、贵州、重庆、湖北适宜地区作露地越冬春甘蓝栽培。

34. 渝丰 1 号 重庆市九龙坡区农业科学院研究所育成的中早熟秋甘蓝一代杂种。植株开展度 55～62 厘米，外叶深绿色，叶卵圆形，叶面蜡粉多。外叶 8～10 片。叶球扁圆形至近圆形，叶球紧实，单球重 0.9～1.3 千克。耐热，中熟，从播种至收获 120 天。一般每亩产量 2 500～4 000 千克。适于重庆市和四川省部分地区种植。四川东部地区于 6 月中下旬播种育苗，苗龄达 45～60 天即可定植，行距 50～60 厘米，株距 47 厘米。

35. H-60 中日合资瑞繁农艺有限公司从日本野崎采种场引进的一代杂种。适应性强，在很多地区可作春、夏甘蓝栽培。目前在江苏、浙江、上海、河南、广东等地均有推广种植。单球质量 1.5～1.6 千克，株高 30 厘米，开展度 55 厘米，中心柱长 5.5 厘米，中心柱宽 2.8 厘米，外叶数 17～18 片；株形紧凑，叶色鲜绿，蜡粉较少，扁圆形，心叶金黄色，质脆味甜，商品性好。生育期 55～60 天，亩产量可达 3 500～4 200 千克；在夏季 35℃ 以上的高温地区仍可正常结球，抗热性、抗雨水性好，高抗霜霉病、黑腐病等。

36. 希望 日本 SAKATA 坂田公司的品种。圆球型，极早熟，定植后 45～53 天可收，单球重 0.8～1.8 千克，根系发达，耐病性强，耐潮湿，颜色青绿，品质极优，是出口入超市销售的首选品种。种植规格 30 厘米×35～40 厘米，每亩栽 4 500～6 000 株。早熟，品质特好，产量比中甘 11 高 70%～100%，适合早春小拱棚、露地、夏秋、秋延后栽培，适宜气温条件下，表现很好，正常季节，全国各地均可种植。

37. 春兰　日本 SAKATA 坂田公司的品种。早熟品种，春植定植后 50 天、秋植定植后 57 天可收获，单球重 0.9～1.4 千克，叶色青绿不带灰，球型美观，品质优良，株型直立，叶片上举，开展度 48 厘米左右，宜密植。种植规格 30 厘米×30 厘米，亩用种量 25～30 克。属牛心型的优秀品种，与目前国内品种比，有耐热、耐寒、丰产、品质优等优势，可针对江苏的春丰等市场推广。

38. 铁头 3 号　北京井田种苗叶球为圆球型，球重 1.6～2.5千克。定植后 60～70 天可以收获。叶球深绿，整齐一致，管理容易，同品种中耐热耐寒性最强，抗病抗虫，裂球晚。耐贮运，适合长距离运输。春秋两季种植淡季上市表现非常好，秋季种植冬季收获效果更好。

39. 铁头 4 号　韩国生产的杂交一代品种。高圆球型，植株开展度 40～48 厘米，外叶 14～17 片，叶色嫩绿，叶片呈椭圆形，叶面蜡粉少，叶球紧实，单球重 1.3～1.6 千克。定植后48～55 天即可正常采收。叶球为内充实型，可根据市场需求分期采收。具有冬性强、耐运、抱球紧实、抗病虫等优点。每亩定植 4 500 株，若水肥充足可定植 5 000 株。适应我国北方地区（东北、西北、华北）春秋种植，在南方高山地区也可种植。

40. 派罗　极早熟，结球紧，耐抽薹，圆球型，内部紧实，外叶向上，淡绿色，品质优。定植后 55～60 天成熟。单球重 1～1.5 千克。

41. YR-美味早生　外叶片小，植株开张且紧实。为极早熟品种，定植后 40 天便可收获。单球重 800～1 500 克，圆球型，大小中等。叶质柔软，品质、食味极佳。春季播时在较低温度条件下也可正常发育，栽培过程中不易发生花球及尖形球。尤其适于春播夏收或夏播秋冬收获。对萎黄病抗性强。

第三节　结球甘蓝设施栽培技术

一、冬春结球甘蓝栽培

冬春结球甘蓝一般在 11 月中旬至 12 月中旬播种育苗，翌年 1 月中旬至 2 月中旬定植，商品供应以早春 3 月份至 4 月上旬上市为主。此期正是蔬菜（尤其叶菜类蔬菜）供应淡季时节，可调节市场需求，也很受人们欢迎，经济效益好。春结球甘蓝可进行露地、温室以及大、中、小棚设施栽培。一般来说，陇海线中段地区早熟春甘蓝以 12 月中旬至翌年 1 月初冷床播种，华北地区露地栽培早熟春甘蓝以 12 月底至翌年 1 月上旬冷床育苗或 1 月中下旬温床或温室育苗为宜。广东、云贵高原及闽南地区冬春结球甘蓝一般采用露地栽培，10 月份至翌年 1 月中旬均可播种育苗，1～4 月份采收。长江以南至广东、云贵高原以北地区多采用小拱棚育苗、露地定植的方式栽培，一般 12 中旬至翌年 1 月底播种育苗，3 月份至 4 月上旬供应市场。长江流域冬结球甘蓝栽培须用设施，12 月底至翌年 2 月中旬均可播种育苗。

春季早熟品种提早栽培，在不利于结球甘蓝生长发育的春季寒冷季节利用地膜和塑料薄膜拱棚进行覆盖栽培，选择冬性强、耐寒的早熟品种，其栽培技术基本相同于春结球甘蓝露地栽培技术，只是定植时由于采用保温措施比露地定植早。一般地温达5℃，气温在 10～15℃时，即可覆盖定植。

（一）品种选择

早熟春甘蓝栽培成败的关键是品种选择和播种期确定。品种选择的标准：一是冬性强，即幼苗长到一定大小，经过一定时间的低温，不容易发生未熟抽薹现象；二是生育期短，即从定植到收获 50 天左右为宜。符合这些条件的品种有中甘 11 号、中甘 12 号、春丰等。

（二）育苗技术

在我国早熟春甘蓝种植面积比较大，但是早熟春甘蓝的育苗技术掌握不好就会造成大面积抽薹或结球不良，达不到早熟丰产的目的，使农民经济利益受到严重的损失，因此早熟春甘蓝栽培中应特别重视育苗这个关键环节。

1. 育苗设备　春甘蓝育苗的方式很多，根据当地温度、环境及设备条件、栽培目的以及上市时间等综合考虑采用育苗方式。一般常用有以下几种；

（1）冷床育苗　冷床又称阳畦。它是最简单，投资最少，最传统的育苗方式。主要靠太阳热能加温，升温慢，保温时间短，育苗时间比较长，结合用风障挡风提高 2～3℃。

（2）温床　又叫酿热温床。人为填充发热物，如马粪或农作物秸秆等，结构类似冷床。目前使用比较少，因为马粪少，酿热资源少。

（3）电热温床　在冷床的基础上在地面铺上电热线，加上控温仪即成为用电加热的温床。

（4）小暖窖　后墙 1.5 米左右的加盖草帘，相当于日光温室，但矮小一些，用太阳光源加温，简单易行、投资少、管理方便，保温效果优于阳畦。

（5）温室　又叫日光温室。在小暖窖的基础上，加高加大，主要以玻璃和塑料薄膜采光增温，保温效果好，育苗时间短，投资大，操作方便。

（6）加温温床　在温室中，利用太阳光能和人为加温设备——炉火、地热线及暖气设备等增温。投资大，保温增温效果好，温度高，苗子生长速度快。

2. 播种期确定　早熟春甘蓝的栽培播种期十分关键，播种期过早，苗龄大，在冬暖春寒的情况下，易春化而抽薹，播种期过晚势必影响甘蓝早熟，达不到早熟的目的。播种期的确定与当地气温变化密切相关。早熟春甘蓝的苗龄在温室、温床育苗为40～50天，冷床育苗为70～80天，幼苗长到6～7片叶时定植为宜，这时塑料拱棚内地温在6℃以上；露地栽培要在地温稳定在6℃以上，最高气温能稳定在12℃以上时定植为好。按达到上述要求的时间往前推40～50天或70～80天就是当地的适宜播种期。因地区间有小气候差异，切不可人播亦播，一定要掌握因地制宜的原则。

3. 播种前的准备

（1）营养土的配制　育苗营养土的好坏，关系到苗子生长情况，要求土壤肥沃、有良好的物理性状和保水力和透气性，采用肥沃的菜园土，前茬作物不是十字花科作物，过筛细土占75％，速效肥料和有机肥占5％～10％，加入10％～20％过筛炉灰或蛭石，提高床土通透性，同时为了促使根壮和减少病苗，在营养土中加入发根王、多菌灵或福美双等消毒。

（2）播种量　甘蓝种子粒小，每克粒200～300粒，每平方米用3～4克为宜，根据种子粒数、粒重及芽率计算用种量，一般每亩用种30～50克。

（3）播种方法　可以用撒播或点播，撒播时加一些沙子或小米，拌匀后，均匀撒播在畦面上，这种方式简便、快捷，但容易不匀、有稀有密、用种量大，导致苗争肥、争光，大小不一致；在营养钵或育苗盘中摆播、点播，费时费力，但用种量少、苗子大小均匀，适用于昂贵的种子，可减少用种量，降低成本。

（4）洇畦　早熟春甘蓝的育苗畦浇水很关键，水过大，容易降低地温，影响发芽，容易霉籽。苗子易出现沤根、寒根现象，水分太少，苗子不能充分吸水膨胀，内部养分不能分解，出苗缓慢或回芽死掉。因此，适当浇水，一般营养土或营养钵浇水8～10厘米土层，达到基本饱和即可，等水渗后，畦面略有裂缝，方可播种，否则泥会把种子粘住，影响发芽。

（5）覆土　播种后立即覆土，覆土的厚度至关重要，一定要过筛细土，撒完种子后往畦面上撒一层，这也叫"翻身土"，播种后覆土厚度 0.6～0.8 厘米，不可过厚，覆土厚，土壤透气性不好，升温慢，易使种子出芽慢，造成沤籽；覆土过薄，土壤易燥，水分蒸发快，影响种子出苗，苗出齐后，再次覆土以防带帽出土，同时弥补裂逢。

4. 分苗　对撒播育苗需要进行分苗（也叫排苗），用营养钵育苗的不用分苗。分苗的目的是把苗子按一定株行距栽开，使苗子大小一致，减少小苗、弱苗，有利早熟、丰产。一般分苗 10 厘米见方，先浇水再贴苗，水大小要适当，不可过大过小，水分过大不利缓苗，水少，根系吸收少、长势弱，分苗时大苗和小苗分开，把弱苗病苗剔除以便管理。

5. 炼苗　早熟春甘蓝定植前要炼苗，使幼苗逐渐适应外界气候，幼苗始终在温暖的环境条件下生长，春季栽培气温变化很大，时常有寒流出现，因此幼苗在定植前一定要低温炼苗。在定植前 10 天左右，风口从小到大，早揭晚盖，直到定植前2～3天全部去掉覆盖物，使苗子逐渐适宜外界环境条件。

6. 壮苗的标准　经过低温锻炼使幼苗达到一定的标准：叶片6～7片，叶片厚，深绿色，茎粗壮，节间短，根系发达，顶芽未进行花芽分化，这样的苗子定植后缓苗快，产量高。

7. 温度管理　播种后温度保持 20～25℃，夜间 10℃左右，苗出齐后开始通风，白天 15℃，夜间 5℃，及时通风以防高脚苗，草帘要早揭晚盖，通风口不能过大，不能忽大忽小以免闪苗，分苗后及时升温，20～25℃，夜间 10℃，缓苗后放风，白天 15～20℃，夜间 5℃，到定植前炼苗。在育苗时，所有农事活动如浇水、分苗、播种都应在晴天无风上午进行。

早熟春甘蓝育苗技术十分关键，应重视每一个环节，只有育好苗，才能为达到早熟，丰产目的。

(三)早熟春甘蓝栽培形式

早熟春甘蓝保护地栽培可分为塑料改良阳畦(小拱棚)、塑料中棚大棚栽培或日光温室栽培等几种。

1. 定植前的准备 在秋耕晒垡的基础上,土壤化冻后,按每亩施入有机肥300～500千克,翻土掺匀作畦。地块不宜过长,一般长8～10米,平畦不宜过宽,以1米宽为宜,这样浇水量小,不致降低地温。

2. 定植 经过锻炼的壮苗耐寒性强,适期定植是早熟甘蓝高产的重要环节。一般棚内表土温度达到5℃以上,即可选寒流尾开始回暖时选无风晴天定植。

定植前3～4天苗床浇透水起坨,坨8～10厘米见方。定植时先按埯浇水,然后坐苗,切忌定植后大水漫灌。定植后盖严棚膜,晚上再盖好草帘或纸被等,防寒保温。另外,有条件的地方也可在定植后按行扣上地膜,提高保温性能,促进早缓苗。

3. 温度 早春定植甘蓝时,气温较低,又不稳定,有时还受寒流影响,因此定植后要闷棚10天左右,苗开始生长时,把地膜划破落地,或者撤去地膜. 随后开始放风,放风口由小到大,使棚内温度白天保持15～20℃,夜间10℃左右,白天棚温不得超过26℃,定植后20天左右,选温暖天气撤棚膜,晚上只盖草帘防寒保温。

保护地栽培的关键技术是如何处理好棚内温度、湿度及提高地温。一般来说,棚内温度要保持在15～25℃,即要有一定的温差。如果长时间维持在25℃以上,光合作用制造的养分不能满足甘蓝植株在高温下呼吸作用的消耗所需,温度越高消耗越多,就必然放开刚包上的球叶(散球),以增加制造养分的光合面积。为促进结球,要适当通风,降低棚温,减小呼吸消耗养分的强度,达到养分消耗和积累的供需平衡,养分有所积累,才能顺利结球。因为热空气比较轻,容易上升,多聚集在棚的最高处,只有在热空气集聚的拱棚顶部通风,才能达到通风降温、降湿的目的。

为了便于通风降温，拱棚要用两块塑料薄膜覆盖。通风口一般在棚的中上部，距地面 1.2～1.5 米，开设在便于人员推拉的地方，上幅膜压下幅膜，下幅膜固定在拱架上，防止下滑；通风口的大小根据气温变化确定。

4. 肥水管理 定植后塑料棚内气温低，蒸发量也不大，一般不急于浇缓苗水。幼苗开始生长时可进行中耕，提高地温，以利控制外叶徒长。撤膜前 1～2 天选晴天上午浇水，有条件的地方可浇稀粪水。这一次水要小，畦尾不存水，免得水大降低地温。接着中耕，中耕深 3～4 厘米。苗周围划破地皮即可，不要伤根，达到保墒和提高地温的目的。适当蹲苗后，大多数植株已进入莲座后期，这时要随水冲施健力素大量元素肥料（N30：P10：K20），每亩 10 千克，并结合每亩冲施 1 千克阿米卡鱼蛋白有机肥，以提高产品品质。以后每隔 10～15 天浇水一次，连浇 2～3 次，就可以收获上市。每次浇水要选晴天上午，水量也可稍大一些，但不可大水漫灌。

5. 收获 甘蓝叶球一经形成就很快转入充实阶段。保护地早熟栽培以提早供应为主要目的，在叶球七八成紧实、重量达 400～500 克时就可分期收获，陆续上市。但在市场价格平稳的情况下，要适当晚上市，因为在适宜的温度和良好的管理条件下，每个叶球每天能增重 40～50 克，这有利于增加产量，提高产值。

为提高甘蓝贮藏保鲜效果，可在采收前一天用 30 毫克/千克的 6-苄基氨基嘌呤（6-BA）溶液喷洒叶球。

6. 注意事项

（1）要合理密植。结球甘蓝的产量是由单株叶球重和每亩叶球数构成的。如果早熟甘蓝定植过稀，每亩株数较少，虽然单株产量较多，但总产量不会高，而且收获上市也不会早。也有人为了增产，定植时加大了密度，缩小了株行距，使植株间相互遮阴、拥挤，影响光合作用，长期不见光的叶子早衰脱落，延迟结球，影响高产，也推迟了上市期，进一步影响到产值的提高。

（2）要适时早定植早撤膜早追肥早管理。适时早播种的甘蓝，经过 50～60 天生长，已长到一定大小，在气温、地温逐渐升高的情况下，晚定植必然加速幼苗在苗床的生长量，而适时早定植在保护条件下促进了幼苗的生根缓苗。早撤棚膜是为了控制外叶的无限生长，促进及早进入包球期。早追肥、早管理是为了促进迅速包球，即使是通过春化阶段的大苗，在这种措施下，也能在生殖生长缓慢的情况下迅速包上叶球，使花茎包在球内暂时抽不出来而勉强上市。

二、越夏结球甘蓝栽培

夏结球甘蓝 8～10 月份采收供应市场，正值蔬菜供应的淡季。但夏甘蓝生长期正处于高温季节，常出现产量低、品质差、叶球包而不紧实的现象，如遇多雨，病虫危害也特别严重，不易栽培。所以，夏甘蓝栽培面积不如春甘蓝大，长江流域、华北南部和西南各省有一定的栽培。甘蓝夏季栽培要选用抗病、耐热、耐旱、生长期短、具有一定耐涝能力且整齐度高的品种。

（一）培育壮苗

育苗是关键，根据品种的耐热程度和生育期确定播期，江苏省、浙江省等一般在 6 月上中旬播种，7 月上中旬定植，8～10 月上旬收获。由于夏甘蓝采收比较集中，宜分批播种。

1. 苗床选择和整理　选择土壤肥沃、通风良好、地势较高的地块，采用小高畦育苗。苗床经充分翻晒，施入适量腐熟有机肥，可防养分流失，同时可提高甘蓝耐涝能力。筑苗床宽 1～1.5 米或 2 米，精细整地，土壤细碎，轻拍压实，畦面平整。

2. 播种　播种方式可选择撒播或条播。撒播，先播种再撒 1 层细土，然后浇足水；条播，播前要浇足底水，待底水渗透后，再将种子均匀撒在苗床上，然后撒上一层细土。播种后搭阴棚或盖遮阳网防暴晒，搭塑料薄膜棚防止暴雨。

在南方，露地播种即可。由于南方多是黏土或黏壤土，整地时要打碎土块，整平畦面后用过筛细土撒满小土块缝隙，底水渗下后播种，其上覆一薄层混有草木灰的细沙土，以利出苗。播种量一般每平方米 3 克左右。

3. 苗床管理　出苗前管理，为了保证出苗整齐，关键是要控制好苗床的湿度，如天气干燥，播种到种子露白前每天洒水 1～2 遍，待幼苗刚露头时可逐渐拆除覆盖物，时间以傍晚或清晨最佳。出苗后管理，出苗后要防止幼苗徒长，水分管理要见干见湿，施足基肥，每亩施养力素有机肥 300～500 千克、复合肥 40 千克，充分翻地后筑宽 1.5～2 米的小高畦。

（二）定植

1. 定植前准备　栽培夏甘蓝应选择地势较高、便于排灌及通风凉爽的地块，前茬宜越冬菠菜、小葱、菜心或莴笋等蔬菜作物，不宜与十字花科作物连作。前茬作物收完后，立即清除地面杂草、残枝病叶等。每亩施优质养力素有机肥 300～500 千克、复合肥 100～150 千克，耕翻后整地。可作垄，也可以直接作半高畦（畦面宽 1～1.2 米，沟宽 30 厘米，深 15～20 厘米，畦面上筑小埂挡水），利于旱时浇水，涝天排水。

2. 定植　夏甘蓝定植宜早不宜迟，5～6 片真叶时带土坨定植，有利于缓苗和植株健壮生长。定植前 3～4 天喷药，防止病虫带到大田。定植当天浇足起苗水，带坨起苗。定植选在温度相对较低的傍晚、阴天，随栽随浇定根水，土壤墒情好的，定根水可以少浇，反之，多浇，移栽时要防止晒苗和高温烤苗而延长缓苗期。

定植时秧苗不宜栽得过深，以免大雨时泥浆糊住心叶或心叶埋入土中，浇水后造成烂苗。需要强调的是，夏甘蓝栽培定植时必须带土坨。在气温较高的情况下，如果苗床浇水后拔苗定植，缓苗期需 15～20 天。这是因为拔苗时，幼苗的大部分根系都拔脱在土壤中，即使看到幼苗根部有一些白色细根，那些白色细根只是脱掉韧皮部的木质部，无吸收水分、养分的功能。必须重新发出新的根系后才能恢复吸收功能，生长才能恢复正常，所以缓苗期要比带土坨幼苗长 10～15 天。

夏甘蓝可适当密植。为了排水方便，以畦栽沟灌为宜。夏光每亩可栽 4 000～4 500 株，中甘 8 号可栽 3 000～3 300 株。定植后随即浇定植水。

3. 定植后管理

（1）水分管理　夏甘蓝整个生长期都处在天气炎热的夏季，常遇高温干旱，地面水分蒸发快，加之甘蓝生长需水量多，在无雨情况下须及时灌溉。

定植后要浇稳苗水，如遇天晴高温，连浇 2～3 次水，促进降温缓苗，直至幼苗成活；如遇高温和连续阴雨天气，要及时排水，降低土壤墒情，防止高温、湿度大、沤根死苗，缓苗后 7～10 天浇一次水。随着植株生长，外叶封垄覆盖地面，土壤水分蒸发减少，需要减少浇水次数而加大水量。进入莲座期，水分管理是夏甘蓝栽培成功与否的关键。由于莲座期和结球期正处于高温、强光季节，水分供给合理充足，植株生长正常，短缩茎节间短，结球紧实，商品性好；若水分不足，结球小，且疏松、不紧实；若水分过多，高温、高湿条件下易发生病害，叶球易开裂，失去商品价值。因而浇水应依照地面不干不浇的原则，经常保持地面湿润。每次浇水在早晨或傍晚为好，避免高温、潮湿带来的不良影响。在结球中后期，如遇暴雨应及时排水，增加土壤含氧量，以利于根系生长，减少黑腐病、软腐病发生。

（2）中耕施肥　定植 6～7 天后已缓苗，此时可开始中耕。追完肥后及时中耕 1～2 次。夏季中耕不宜过深，划破地面即可。若中耕过深，对甘蓝根系发育不利，雨后积水多，不利于植株生长。多雨时也需抓紧进行中耕散墒。

夏甘蓝生长期短，追肥宜早，力争早施，加速包心。追肥的原则是：高温季节忌施农肥和生粪；前期促发棵，中期保稳长，一般采取"少量多餐"的追肥方法；缓苗后，及时进行第一次追肥，一般每亩随水冲施健力素大量元素肥料（N40：10P：K10）5～7千克，中耕1～2次，促进莲座叶健壮生长；一般莲座期和结球中前期应重追肥，以促进形成较多的莲座叶和使叶球充实。第一次追肥后15天左右，可进行第二次追肥，每亩随水冲施健力素大量元素肥料（N30：P10：K20）10千克。等莲座叶长成、球叶开始抱合时，可进行第三次追肥，每亩随水冲施健力素大量元素肥料（N20：P10：K30）10～15千克。追肥要离根部10～15厘米，以防肥害。施肥总的原则是以氮肥为主，少量多餐，可减少雨季期间土壤中养分流失，采收前20天停止施肥；切不可浇粪稀或其他有机肥，以免引起病害。

夏季雨水多、温度高，杂草生长旺盛，影响结球甘蓝生长，所以中耕后应及时除草，减少其对肥料的消耗。

4. 采收 夏甘蓝的收获季节正值高温期，叶球易裂、腐烂，因此球包紧实后，应及时采收上市，防止损伤，提高商品性。成熟期参差不齐的地块，对叶球已包紧的植株要先收，以免遭受损失。准备长途外运时，宜在傍晚采收，夜间放在通风处使其散热，于清晨趁凉装筐运出。切不可在夜间或雨后采收、装筐外运。采收时适当保留外叶，以保护叶球不受沾污或损伤，也便于运输。同时，根据市场需求情况分期采收上市。

三、秋延迟高效栽培

（一）选用良种

秋延迟栽培的早熟甘蓝品种对冬性要求不严格，宜选用优质、抗病、早熟品种。

（二）栽培方式

秋延迟栽培甘蓝，生长期短，生长速度快，一般30天苗期，定植后60天即可收获。采用平畦栽培，后期覆盖进行秋延迟栽培，可延续到元旦后上市。

（三）施肥深翻

甘蓝喜土层深厚、肥沃、疏松土壤；播前每亩施优质有机肥500千克和三元复合肥20千克；定植前深翻15～20厘米，整平作畦，畦宽120厘米，每畦栽3行。

（四）适时播种

采用露地直播栽培法。播前按行距40厘米开沟，将种子撒播于沟内，为防地下害虫，可撒施敌百虫毒土。每亩用种量150～200克，播后覆土，以防落干。

（五）合理密植

出苗后每7天左右喷一次2.5%敌杀死乳油4 000倍液，连喷2～3次，预防虫害发生；及时间苗，5～6叶后定苗，一般株距30厘米，亩留苗5 500株左右。

（六）肥水细管

定苗后结合浇水可随水冲施健力素大量元素肥料（N40∶P10∶K10）10千克，缓苗后控制浇水，并及时划锄2～3遍，轻度蹲苗10天左右；开始结球要加大浇水量，每亩随水冲施健力素大量元素肥料（N30∶P10∶K20）10～15千克；进入结果期，应掌握地面见干即浇，一般5～7天浇水一次，收获前7天停止浇水，以防叶球开裂，也利于储存和运输。

（七）后期保护

11月上旬前后天气转冷，应小拱棚薄膜覆盖；若天气较好应全面通风，白天温度保持在20℃左右，夜间10℃左右；随温度降低，根据甘蓝生长状况盖严薄膜，维持其生长。

（八）防治病虫

甘蓝病害主要有黑腐病和霜霉病。黑腐病发病初期可用医用链霉素100～200毫克/升加阿米卡100～200毫克/升，每7天喷一次，连喷2～3次；霜霉病发病初期用25%瑞毒霉可湿性粉剂800倍液或75%百菌清可湿性粉剂600倍液，每7天一次，连喷

3～5 次。虫害主要有菜青虫、蚜虫、小菜蛾、斜纹夜蛾等，可用功夫 2.5% 乳油 5 000 倍液或阿维菌素 2 000～3 000 倍液、2.5% 敌杀死乳油 4 000 倍液防治。

（九）适时采收

结球甘蓝的叶球一经形成，会很块转入叶球的充实阶段，待叶球紧实，及时收获。秋冬延后栽培的尽量晚收，赶在新年或春节上市，但注意不要发生冻害。

四、合理轮作与间作套种高效种植模式

结球甘蓝与其他作物合理轮作、间作套种，形式多样，经济效益高，是一种充分利用土地、光能的栽培方式，具有减少病虫危害、增加单位土地面积复种指数、降低生产成本、提高产量、增加收入等优点。结球甘蓝间作套种经多年研究推广和实践摸索，总结出几种较好的模式类型，介绍如下。

（一）改良塑料棚黄瓜、结球甘蓝、西芹高效种植模式（淮北地区）

改良式塑料棚为浅地下式，棚高 170～180 厘米，其中地平面以下 40 厘米左右。跨度一般 4～6 米，由 2 根竹竿对折形成拱杆，拱杆间距 45 厘米，跨度 4 米以上棚设立柱一排。棚两头用砖或土砌成山墙，棚长一般不短于 30 米。低温季节棚内套小拱棚，小拱棚上覆盖草苫，以增强棚体的保温性能。

1. 种植方式与茬口安排

（1）黄瓜采用大小行、高畦定植、地膜覆盖、膜下暗灌栽培方式，畦高 20 厘米，大行 70 厘米，小行 50 厘米，株距 33 厘米，12 月中旬育苗，2 月中旬定植，3 月下旬上市，6 月上旬拉秧。

（2）结球甘蓝采用高畦双行栽培，行距 55 厘米，株距 40 厘米。5 月上旬育苗，6 月上旬定植，8 月中旬上市。

（3）西芹采用平畦栽培，畦宽 160 厘米，行距 40 厘米，株

距 30 厘米，6 月下旬育苗，9 月上旬定植，元旦前后上市。

2. 栽培技术要点

（1）黄瓜 ①肥水调控，增施基肥。亩施养力素有机肥 300～500 千克，三元复合肥 100～150 千克；定植缓苗后，在高畦膜下小沟内浇一次小水，至根瓜坐果前控制浇水；根瓜坐果后进行第二次浇水，配合浇水随水冲施健力素大量元素肥料每亩（N30：P10：K20）10 千克；根瓜采收后，每采 2～3 次瓜浇一次肥水，随水冲施健力素大量元素肥料每亩（N20：P20：K20）10 千克；4 月中旬后，因地温明显升高，同时黄瓜的需水量加大，改高畦小沟浇水为畦间大沟浇水。②病虫害防治。坚持以防为主、综合防治的原则，平时注意调节好棚内的温、湿度，创造有利于黄瓜生长、不利于病虫害发生流行的生态环境。阴雨天气施药尽量选用粉尘剂、烟雾剂。塑料棚早春黄瓜的主要病害有霜霉病、灰霉病、白粉病等，防治霜霉病在发病前或发病初用 72% 的杜邦克露 800 倍液或 50% 疫霜灵锰锌 600 倍液喷雾，每 7～10 天喷一次，交替使用。防治灰霉病用 50% 速克灵 800 倍液喷雾或 2.5% 的灭克粉尘剂喷粉，每亩用量 150 克。防治白粉病用 43% 好力克悬浮剂 3 000 倍液或 20% 粉锈宁 2 000 倍液喷雾。对上述几种病害也可用烟剂一熏灵熏烟，每亩用量 450 克，于傍晚均匀地用铝丝悬挂在棚内，由里向外点燃后闭棚。每隔 15 天左右一次，连续 3～4 次。防治蚜虫、潜叶蝇等虫害，用 80% 的敌敌畏烟剂熏烟较好，用量 150 克/米^2。

（2）结球甘蓝 ①育苗。选用耐热抗病品种夏光、夏王甘蓝等，5 月中旬整地作畦育苗，大田用种 50 克/米^2。采用湿播法播种，播后用地膜和草苫覆盖保墒遮阴，出苗后揭除草苫和地膜，子叶及一叶一心时间苗 2 次。苗龄 30 天左右，4～5 叶时带老土定植。②定植及肥水管理。黄瓜拉秧后，每亩施三元复合肥 50 千克，耙地后作成高畦，选阴天或在晴天下午栽植。定植后浇一次透水，提高土壤含水量，降低土壤温度，促进缓苗。缓苗后追一次发棵肥，随水冲施健力素大量元素肥料每亩（N30：P10：K10）10千克。以后根据土壤墒情浇水，保持畦面见干见湿。进入结球初期，随水冲施健力素大量元素肥料每亩（N30：P10：K20）10千克，促进叶球生长。同时要注意排水，防止雨后田间积水。待叶球紧实即可收获上市。③病虫害防治。结球甘蓝病虫害苗期主要是猝倒病，育苗期间应尽量避免淋雨，同时用70%的甲基托布津或64%的杀毒矾600倍液喷雾防治2次。生长期间注意防治霜霉病、黑斑病、软腐病，霜霉病、黑斑病可用64%的杀毒矾或75%的百菌清500倍液喷雾防治。软腐病可用200mg/L硫酸链霉素喷雾防治。对菜青虫、小菜蛾可用5%的抑太宝乳油2 000倍液防治。

（3）西芹 ①育苗。选用高优它、文图拉等西芹品种，6月下旬采用遮阳网阴棚育苗，定植用种每亩100克。种子预先用凉水浸泡1～2天后放在低温条件下催芽，催芽期间保持15～20℃。也可用50毫克/升的赤霉素浸种或拌种。经过处理过的种子发芽整齐，易获全苗。育苗期间上午10时覆盖遮阳网，下午4时揭开，阴天不盖，促进壮苗形成。幼苗2～3叶时间苗，保持一定的营养面积，防止幼苗徒长。苗期注意浇水，保持苗床湿润。配合浇水，追肥1～2次，防止脱肥。苗龄50～60天，具5～6叶时即可定植。②定植及肥水管理。前茬收获后及时清茬，施足基肥，每亩施优质养力素有机肥500千克，三元复合肥100千克。深耙20厘米，平整后作成160厘米的平畦。定植前一天苗床浇一次水，便于起苗。定植时按40厘米行距开沟、摆苗、覆土，一畦栽完后及时浇水。定植2周内要小水勤灌，保持畦面湿润，促进缓苗生长。西芹定植到采收需追肥3次。第一次追肥在定植后15天左右，西芹半直立生长，行间穴施尿素每亩10千克；第二次追肥在定植后30天左右植株直立生长，随水冲施健力素大量元素肥料每亩（N30：P10：K20）10千克；第三次追肥在定植后55天左右，植株高度50厘米左右，随水冲施健力素大量元素肥料每亩（N20∶P10∶K30）10千克。③棚室管理。10月底，当外界最低气温下降到8℃左右时，应及时扣棚覆膜。扣棚后要加强通风，防止徒长。白天保持18～23℃，晚上8～12℃。进入11月份，随着外界温度不断降低，应适当减少通风。进入12月份，外界温度进一步降低，夜间在棚内套小棚或在棚外加盖草苫，防寒保暖。④病虫害防治。西芹常见的病害主要有斑枯病、菌核病、软腐病等，虫害主要是蚜虫。防治斑枯病、菌核病可用64％的杀毒矾600倍液或70％的甲基托布津800倍液喷雾；发现软腐病病株后及时拔除，并用77％的可杀得600倍液喷雾防治。蚜虫可用2.5％～遍净防治。

一般亩平均产黄瓜5 200千克，结球甘蓝2 500千克，西芹6 400千克，每亩平均产值达15 000余元，纯收入9 000元左右。

（二）无公害西洋南瓜、越冬结球甘蓝轮作高产高效栽培模式（江苏溧阳）

1. 茬口安排 西洋南瓜于3月上旬播种，4月上旬移栽，7月上旬收获完毕。越冬结球甘蓝于8月上旬播种，9月上旬移栽，翌年2月中旬至3月初收获完毕。

2. 品种选择 西洋南瓜选用优质、抗病、高产的良种，如蜜本、五月早、黄狼、板栗；越冬结球甘蓝选用球形圆整、耐寒、耐抽薹、耐贮运、商品性高、市场销售好的品种，如寒玉5号、冬胜等。

3. 栽培技术要点

（1）西洋南瓜 ①田块选择。选地势平坦、排灌方便、土壤耕作层深厚、肥力较高、透气性好、3年以上未种植过西洋南瓜的田块种植，并要符合无公害产地环境要求，实施连片种植。②播种期。一般在3月上旬催芽直播，冷床育苗。③肥水管理。在西洋南瓜定植前20～30天，要及时深耕土壤并施足底肥，一般每亩施养力素有机肥300～500千克、三元复合肥100～150千克。定植成活后早施速效肥，随水冲施健力素大量元素肥料每亩

（N30：P10：K10）10 千克，促进蔓叶、雌花、果实生长。当第一个瓜坐稳后，应及时重施速效肥，以促进果实生长。采收 1～2 批嫩瓜后，若再留老瓜，应再次追肥，以促进后续瓜生长发育。生长前期应注意排水，后期应注意灌水。④植株调整。主蔓雌花发生节位低的品种可在主蔓雌花坐果后摘心，并选留 2～4 条强壮侧蔓，利用侧蔓坐果，主蔓雌花发生节位高的品种可在主蔓 4～5 叶或 6～7 叶时摘心。

（2）结球甘蓝　①整地播种。选前茬未种过十字花科蔬菜的田地，精整土地，每亩施有机肥 400 千克、进口三元复合肥 100 千克。作畦，高 35 厘米，宽 1.5 米，沟宽 30 厘米。②假植和定植。当苗长到 2～4 片真叶时及时假植，6～8 片真叶时定植，大小苗要分开移栽，株距 40 厘米、行距 50 厘米，每畦定植 3 行，每亩定植 3 000 株左右。③肥水管理。在小苗移栽活棵后，随水冲施健力素大量元素肥料每亩（N30：P10：K10）10 千克，兑水施缓苗肥；莲座期每亩随水冲施健力素大量元素肥料（N30：P10：K20）10 千克，结球前期每亩再随水冲施健力素大量元素肥料（N30：P10：K20）10 千克。同时，结合除草，清沟培土，确保雨天不积水，晴天畦面不干裂，以保持土壤表层湿润为标准，确保根系水分和养分的吸收。④病虫害防治。越冬结球甘蓝病害一般较少，偶有霜霉病、黑腐病发生，主要与土壤含水量、空气湿度等因素密切相关，湿度大时发病重，初发病时用 80% 代森锰锌 600 倍液或 75% 百菌清可湿性粉剂 500 倍液、58% 雷多米尔可湿性粉剂 600 倍液交替喷雾防治，每隔 7～10 天喷洒一次，连续 2～3 次。前期虫害主要有小菜蛾、菜青虫、斜纹夜蛾、蚜虫等，应及时用抗蚜威、除尽、Bt、锐劲特、阿维菌素等高效低毒低残留农药防治。同时，积极采用物理和生物防治技术，如用黑光灯诱杀害虫、设置黄板诱杀蚜虫、利用防虫网阻隔害虫，也可辅以人工捕捉害虫等。使用药剂防治时，要严格执行 GB4285 和 GB/T8321 中的规定。坚持预防为主、综合防治的方针，通过选用抗性品种、培育壮苗、加强栽培管理、科学施肥、改善和优化菜田生态系统等措施，减少病虫害的发生。⑤及时采收。不同品种采收时间不同，以甘蓝结球紧实时采收为宜，也可根据市场价格适时调整采收时间。

西洋南瓜平均每亩产量 2 500 千克左右，产值 2 500 元左右；越冬结球甘蓝每亩产量达 3 500～4 500 千克，销售价格稳定在 0.8 元/千克以上，每亩经济效益达 3 000 元左右。除去物化成本 1 500 元，两季合计每亩净收益 4 000 元，比传统的稻、麦（油菜）种植模式高出 3 000 元，经济效益可观，市场前景十分广阔。

（三）玉米间作结球甘蓝高效栽培模式（云南省通海县）

1. 选择适宜品种　结球甘蓝有春夏露地栽培和秋冬后栽培，不同栽培季节宜选用不同品种。春夏露地栽培宜选择抗病、丰产、优质、耐热的甘蓝品种极早 2 号、超早 2 号、绿宝石 2 号。玉米选用中矮秆紧凑型品种。

2. 合理密植　采取先种玉米后套作结球甘蓝的方法。间作套种能够合理配置作物群体，可使玉米—结球甘蓝高矮成层，相间成行，有利于改善作物通风透光条件，提高光能利用率，充分发挥边行优势的增产作用，做到"一劳多得"。结球甘蓝忌连作，要选择前茬以萝卜地为最好。一般在 4 月初趁土壤墒情好时覆地膜，4 月中下旬或 5 月初定植，每播幅 3.8 米，其中 40 厘米种植双行玉米，直播，株距 25 厘米，亩种 4 800 株；剩余 3.4 米每 1.7 米开墒，栽 4 行结球甘蓝，规格 35 厘米×30 厘米，沟宽 30 厘米，3～4 月育苗，每亩准备菜苗 5 000～6 000 株，即 160 孔盘 10～11 盘，每亩定植结球甘蓝 5 500～6 000 株。

3. 科学施肥　结球甘蓝基肥每亩施有机肥 300～500 千克，复合肥（15∶15∶15）50 千克；提苗肥随水冲施健力素大量元素肥料每亩（N30∶P10∶K10）15 千克；莲座时适当控制浇水，莲座后要保持土壤湿润。玉米按规格开好施肥沟后每亩施有机肥

500 千克、尿素 20 千克、复混肥 30 千克，合墒；提苗肥每亩施碳铵 40 千克，揭膜后玉米 10 叶 1 心，结合培土每亩施尿素 40 千克，复混肥 20 千克。

4. 病虫害防治　玉米的主要病害有锈病、大小叶斑病、穗腐病等，可用 20%三唑酮加 60%甲基托布津进行防治，每隔 7 天喷一次，连喷 2～3 次。害虫主要有蚜虫、螟虫、烟青虫等，可用 40%吡虫啉加 2.5%敌杀死乳油喷治。主要虫害有小菜蛾、菜青虫等，可用 25%丁醚脲喷雾防治。病害主要有褐斑病等，宜选用含铜制剂的杀菌剂如 40%可杀得等喷雾。

5. 成熟采收　玉米一般后熟，6 月初可提早采收结球甘蓝，分 1～3 次采收完，而对生长期长的玉米可延迟采收，结球甘蓝收后可翻挖整理土地继续套种荷兰豆或萝卜等作物。

此模式适宜有灌溉条件、肥力中上的地块推广种植。此种植模式发展较快，经济效益相对较高，每亩产值达 5 000～6 000 元。

（四）日光温室甘蓝套作高效栽培模式（河南商丘）

保温性能一般的日光温室，主要进行秋冬茬和早春茬两茬果菜类蔬菜栽培，虽然也能取得较好的经济效益，但在秋冬茬果菜拉秧后到早春茬蔬菜定植期间（主要在 12 月中下旬到 2 月上中旬）正值严冬低温季节，早春茬蔬菜正处于育苗阶段，温室大部分土地闲置，此时可在这部分土地上种植喜冷凉的结球甘蓝，而后在甘蓝行间套作定植早春茬果菜类蔬菜与之共同生长，当果菜类蔬菜长大时，收获甘蓝。秋冬茬蔬菜栽培可安排黄瓜、番茄、甜椒、菜豆等果菜，一般 8 月份播种育苗或直播，9 月份定植，10 月中旬前后扣棚，12 月底前后拉秧腾茬后施肥整地，定植甘蓝。从 12 月初开始，早春茬果菜即可播种育苗，也可选择种植黄瓜、番茄、甜椒、菜豆等以提高收益。在此主要介绍低温时期日光温室甘蓝的栽培技术。

1. 品种选择　可选择普通甘蓝品种，要求耐寒、早熟，如探春、美味早生、中甘 8 号、中甘 9 号、中甘 11 号、8398 等，也可选择紫甘蓝品种（经济效益更高），如紫甘 1 号、早红、德国紫甘蓝、宝石红等。

2. 培育壮苗　在秋冬茬蔬菜拉秧前 45 天左右（一般在 11 月上中旬）开始播种，育苗。①苗床消毒每亩用 2 千克 40%五氯硝基苯与 50%福美双或 50%多菌灵混合，并与 50%福美双或 50%多菌灵混合，拌细土 40～100 千克，混入土壤，进行消毒。②精细播种按 5 厘米见方的规格进行点播，覆细土 1 厘米左右，每亩栽培田用种量 50 克左右。③甘蓝种子发芽适温为 18～22℃，播种后，白天温度控制在 20～25℃，夜间控制在 15℃左右，出苗后，白天温度降到 20℃，夜间为 10℃，以有利于抑制胚轴伸长，防止徒长。3～7 片真叶期间，幼苗已经度过了温度敏感期，提高温度不易发生徒长，可以促进幼苗健壮生长。甘蓝苗期浇水要根据情况而定。播种前要求浇足底水，生长期间不能经常浇水，浇水过多会引起幼苗徒长，定植前要浇一次水，以利于起苗，减少根系损伤。

3. 定植　秋冬茬蔬菜拉秧后要深翻土地，施足底肥，亩施入优质有机肥 500 千克、三元复合肥 100～150 千克。精耕细耙，作成 1.0～1.2 米宽的龟背形高畦，在两高畦之间的畦沟里定植甘蓝，株距 0.4～0.5 米，保持每亩 1 300～1 500 株的密度。为了避免定植浇水而导致地温降低，可采用"水稳苗"的方式定植，即按株距开穴，摆苗，逐穴浇水，待水渗下后填土。高畦上面待以后定植早春茬蔬菜。

4. 田间管理　甘蓝喜湿、忌涝、喜肥。定植后 7 天浇一次缓苗水（水量不宜过大以免影响地温），并随水冲施健力素大量元素肥料每亩（N30：P10：K10）15 千克，以加速缓苗和提高幼苗的抗寒能力。以后控制浇水，进行蹲苗，促使甘蓝短缩茎节间和根系下扎，以利于以后结球紧实和高产，一直蹲到莲座期末开始结球。一般早熟品种蹲苗 10～15 天，中、晚熟品种蹲苗 30

天左右。蹲苗期要少浇水，以中耕为主，但切忌过分蹲苗，否则结球小，影响产量。开始结球时，浇一次大水，随水冲施健力素大量元素肥料每亩（N30：P10：K20）15千克；以后一般在地面见干时浇水，直到采收。整个结球期，早熟品种追肥1～2次，中晚熟品种追肥2～3次。

5. 收获　当甘蓝叶球抱合紧实时即可采收。但为了提高效益和提早上市，只要叶球有一定大小和紧实度，就可分期收获。

6. 病害防治　甘蓝的病害主要有猝倒病、软腐病、褐腐病、黑腐病和心腐病，生产中要以防为主。

第四节　结球甘蓝病虫害及
生理障害防治

结球甘蓝病虫害及生理障害的种类很多，一旦发病，不仅影响植株正常生长发育，而且影响产量、产品品质、经济价值和收入，给生产造成严重的损失。

一、主要病害及防治

（一）卷叶

［症状］幼苗出土后，子叶向内卷曲，但竹能正常发生新叶而不卷曲。

［原因］育苗温室内的火炉没有烟道或烟道没封严而冒烟，室内一氧化碳浓度增高，使幼苗受到危害。

［防治方法］育苗温室内火炉要设烟道，并要封严不漏烟，使炉烟全部排出室外。

（二）僵苗

［症状］幼苗萎缩不长，叶片发黄，拨出幼苗可看到根部朽黄，根少，不易发新根。

［原因］地温低，土壤湿度大，使幼苗部分根系朽坏。新生

根生长缓慢，幼苗地上部分生长受到抑制。

[防治方法] 注意及时中耕，控制土壤湿度，并提高苗床温度，以促进幼苗发生新根，使地上部恢复生长。

(三) 幼苗冷害

[症状] 幼苗叶片发白失绿，继而干枯。一般外叶先受害，严重时导致幼苗死亡。受害较轻时，心叶尚能恢复生长。根系一般完好。

[原因] 由于春季外界气温较低而苗床内气温较高，苗床通风过大、过早或方法不当，使冷空气直接吹入苗床，畦温突然下降，或冷风直接吹到幼苗上，使叶片细胞失水，导致幼苗遭受冻害。早春甘蓝过早定植于露地，未经低温锻炼的幼苗，突遇寒流也易发生冻害。

[防治方法]

(1) 选用早熟抗寒品种，如中甘 11、中甘 12、中甘 21、探春、春丰、争春等。

(2) 注意苗床通风方法，不要猛通大风，通风时间不宜太早，更不能让冷空气直接吹入畦内。春季西北风多，用薄膜盖的苗床，应先从南面放风，开始风量小，后逐渐加大放风量。

(3) 早春甘蓝定植前注意苗床通风炼苗，幼苗定植时间不可过早，如遇寒流，在前一天浇水一次可减轻冻害。

(四) 甘蓝水肿

[症状] 叶片出现许多小的灰褐色疣样生长物，叶表皮破裂，露出叶肉。该症状易被误认为是由沙子或害虫造成叶片损伤而引起。

[原因] 甘蓝在温暖天气生长时，夜间突然遇到寒冷袭击时易发病。这种情况出现时，叶片吸水快于失水而把叶表皮胀破，致使细胞暴露后造成木栓化形成水肿。

[防治方法]

(1) 早春甘蓝定植时间不宜过早。

（2）遇有寒流侵袭，凌晨及时熏烟升温。

（3）根据天气预报，于寒流袭击前喷洒韩国进口阿米卡鱼蛋白液，每亩喷 100～300 毫升，提高防寒抗逆效果。

（五）甘蓝黑根病

［症状］甘蓝黑根病又称立枯病。苗期受害重。病原菌主要侵染植株根茎部，使病部变黑。有些植株感染部位缢缩，潮湿时可见其上有白色霉状物。植株得病后，数天之内可见叶萎蔫、干枯，继而造成整株死亡。定植后病情一般停止发展，但个别田仍继续死苗。此外，该病还可表现为猝倒状或后期叶球腐烂。

［病原与传播途径］此病由立枯丝核菌引起，属半知菌亚门真菌。病菌主要以菌丝和菌核在土壤或病残体内越冬存活，在土壤中可营腐生生活，不休眠，一般可存活 2～3 年。甘蓝的根、茎、叶接触这种土壤时，便会被菌丝侵染。田间病害的流行与寄主抗性有关，不利于寄主生长点。土壤温、湿度（如过高、过低的土温，黏重而潮湿的土壤）均有利于发病。

［防治方法］

（1）育苗床应选择在背风向阳、地势高、排水良好的地方，选用无病新土做苗床土，如用旧土应进行消毒。播种不宜过密，覆土不应太厚。

（2）利用旧苗床育苗时，应用 40％五氯硝基苯与 50％福美双等量混合，每 30～40 千克细土混入 8～10 克药并拌匀，用作播种前垫土和播种后覆土。

（3）苗期浇水应多次少量，浇水后注意通风换气。出现病株及时拔除，喷洒 75％百菌清可湿性粉剂 800 倍液或铜氨混剂 400 倍液。

（六）幼苗猝倒病

［症状］主要危害幼苗的茎、叶。种子发芽后出土前染病，靠近表土处的幼苗基部出现水浸状病斑，变软，病部缢缩成线状，迅速扩展绕茎一周，幼苗倒伏，造成成片死苗。

[病原与传播途径] 本病由瓜果腐霉菌引起，属鞭毛菌亚门真菌。病菌能在土壤里腐生，其卵孢子或菌丝体在病残体上或土壤中越冬，能存活 2～3 年，在土温 15～20℃时繁殖较快，30℃以上受抑制。在苗床低温、遇阴雨或温暖多湿、播种过密、浇水过多等条件下产生孢子囊和游动孢子，从根部、茎基部侵染发病。病菌主要通过风，雨和流水传播。

[防治方法]

（1）用相当于种子量 0.3％的 65％代森锌可湿性粉剂拌种，或对苗床进行消毒，其做法同甘蓝黑根病。

（2）播种要均匀，幼苗出土后逐渐覆土，避免低温、高湿出现。幼苗长到 2～3 片真叶时进行分苗，最好用育苗钵分苗，分苗后适当控水，并分次覆土。

（3）发病时喷铜氨制剂。硫酸铜 2 份，研磨细；碳酸氢铵 1份，混匀；装入塑料袋内扎口密封闷 24 小时，取出后兑水 400倍液喷雾，效果甚佳。

（七）甘蓝黑腐病

甘蓝黑腐病在我国大部分地区均有发生，整个生育期均可发生，主要危害叶片、叶球，是造成秋甘蓝减产的重要病害。

[症状] 幼苗染病主要通过种子和病残体。危害叶片、叶球或叶茎。幼苗染病子叶呈水浸状，根髓部变黑，幼苗枯死。真叶染病，叶缘出现 V 字形黄褐色病斑，或在叶片上出现不规则褐色病斑，周围淡黄色；茎部和根部维管束变黑，引起植株萎蔫枯死；剖开球茎，可见维管束全部变黑或腐烂，但不臭，干燥条件下球茎黑心或干腐状。

[病原及传播途径] 本病由黄单胞杆菌侵染所致，属于细菌性病害。病菌在种子内或采种株上及土壤病残体里越冬，一般可存活 2～3 年，病菌生长发育适温为 25～30℃，最低 5℃，最高39℃，致死温度为 51℃持续 10 分钟，能耐干燥。病害多在春秋两季发生，春季发病轻，秋季发病重。如果秋季苗期气温偏高多

雨，发病严重，播种过早，虫害严重，发病也重。病菌从幼苗子叶叶缘的气孔侵入，成株则多从叶缘水孔或伤口侵入，然后进入维管束组织，并随之上下扩展，造成系统性侵染。此病菌可从果柄维管束进入荚角而使种子表面带菌。在田间借助雨水、农具、昆虫、肥料等传播，带菌的种子可远距离传播本病。

[防治方法]

（1）收获后及时清除残株落叶，适时播种，合理浇灌，防止伤根伤叶，及时防治虫害。与非十字花科作物轮作1～2年。

（2）用50℃温水浸种20～30分钟，或用45％代森铵300倍液浸种15分钟，后洗净晾干，播种。也可用50％福美双拌种，用量为种子量的0.3％。

（3）发病初期及时拔除病株，成株发病初期开始喷洒14％络氨铜合剂350倍液或77％可杀得可湿性粉剂500倍液、72％农用硫酸链霉素可溶性粉剂4 000倍液，每7～10天喷一次，连喷2～3次。

（4）选用抗病品种如中甘9号、西园3号、西园4号、秦甘12号、中甘19号、东农302等，均高抗或抗黑腐病，各地可根据市场需求选用。

（八）甘蓝灰霉病

保护地栽培结球甘蓝易发生灰霉病。甘蓝各生育阶段均能侵染发病，尤其结球期危害严重，损失比较大。

[症状] 多从距地表较近的叶片先发病，初时病部水浸状，湿度大时病部迅速扩大，呈褐色或淡红褐色，引起腐烂，病部生有灰色霉状物。茎基部发病，病部变褐腐烂，生有灰色霉状物，从下向上发展，外叶凋萎，扩大到整个叶球，以致腐烂。发病后期病部有时产生近圆形黑色小菌核。

[病原及传播途径] 真菌性病害。菌核随病残体在地上越冬，翌年春季环境适宜时，菌核萌发产生菌丝，菌丝上生出分生孢子梗及分生孢子。分生孢子借助气流或雨水传播，产生芽管入侵危

害，并可在被害部位产生分生孢子进行再侵染。此菌适应能力强，在大自然条件下，分生孢子经 138 天仍有萌发能力。温度 5～30℃范围内均能萌发，适温 13～29℃，适宜的空气相对湿度为 90％以上。

[防治方法]

（1）加强保护地或露地田间管理，严密注视棚内温湿度，及时降低棚内及地面湿度。

（2）棚室栽培的甘蓝在发病初期应及时防治，每次每亩用 10％腐霉利烟雾剂 200 克熏烟，也可每亩喷洒 6.5％甲霉灵粉尘剂或 5％加瑞农粉尘剂 1 千克。

（3）发病初期及时喷洒 50％腐霉利可湿性粉剂 1 500 倍液或 50％异菌脲可湿性粉剂 1 000 倍液、50％福·异菌（灭霉灵）可湿性粉剂 700 倍液、40％多·硫悬浮剂 600 倍液，每亩用药 50 升左右。每 7～10 天喷一次，连续喷 2～3 次。

（九）甘蓝软腐病

[症状] 软腐病也叫烂疙瘩或烂葫芦。主要危害茎基部。一般始于结球期，先在茎基部、叶球表面或球内发生水浸状软腐，以后外叶萎垂、脱落，使叶球外露，病部软腐并有恶臭，在病组织内充满污白色或灰黄色的黏稠物，最后整株腐烂而死亡。

[病原及传播途径] 该病主要由胡萝卜欧文氏菌属的细菌侵染所致。病菌主要在种株、病残体上、土壤和肥料中越冬，也可在黄曲条跳甲、菜青虫等昆虫体内越冬，第二年继续危害作物。通过灌水、雨水和昆虫传播，由植株的伤口、裂口侵入。

[防治方法]

（1）在田间操作、贮藏过程中避免在菜株上造成伤口，在多雨季节注意排水。与葱、蒜或禾本科作物轮作，避免与茄科、瓜类及其他十字花科蔬菜连作。收获后及早腾地、翻地，促进病残体腐烂分解。在病区可采用高畦栽培，以利排水防涝，减少发病。

（2）早期发现病株应连根拔除，并铲除根部周围的病土，病穴用石灰消毒，填土压紧。特别是雨前和浇水前要检查处理，拔除病株。

（3）早期注意防治地下害虫，从幼苗期起应抓紧防治。可采用生物防治和化学防治的方法。

（4）发病前或发病初期采用药剂防治，以防止病害蔓延。喷药应以轻病株及其周围的植株为重点，注意喷在接近地表的叶柄及茎基部。可喷施硫酸链霉素 3 000～4 000 倍液或新植霉素 4 000倍液、每亩用丰灵 100～150 克兑水 50 升，每隔 7～10 天喷一次，连续 2～3 次。此外，可用相当于种子重量 1％～1.5％ 的农抗 751 杀菌剂拌种，吸附后晾干播种。

（十）甘蓝黑胫病

甘蓝黑胫病又称根朽病、干腐病。以危害甘蓝幼苗为主，其次危害其他十字花科蔬菜的子叶、真叶和幼茎等部位。

［症状］根茎基部产生长条形浅灰色病斑，稍凹陷，边缘带紫红色。病斑内部散生小黑点，茎基部因溃疡容易折断，严重的病苗很快枯萎死亡。苗期受害后，子叶、真叶及幼茎上出现浅灰色不规则形的病斑，病斑上散生很多小黑点。茎上病斑稍凹陷，边缘紫色，严重时主、侧根全部腐朽死亡，植株萎蔫。成株和种株受害后，多在较老的叶片上形成圆形或不规则形病斑，中央灰白色，边缘淡褐色至黄色，斑上生出许多黑色小粒。花梗及荚角上的病斑与茎相同。结球甘蓝叶球在贮藏期间可发生干腐症状。

［病原及传播途径］本病由黑茎点霉菌侵染所致。病菌能在种皮内或采种株的病组织中越冬，也能在土壤、病残体和堆肥中越冬。菌丝体在荚角内能存活 3 年以上，在土壤中能存活 2～3 年。潮湿、多雨或雨后高温容易发生此病，在昼夜平均气温24～25℃时潜伏期只有 5～6 天，17～18℃时需 9～10 天，9～10℃时需 23 天。种子在土壤中萌发时，种皮上的病菌即侵入子叶，然后侵入幼茎进行初侵染，以后从患部产生分生孢子器和分生孢

子，重复侵染健株。分生孢子在水中几小时即可萌发芽管，从寄主的伤口、气孔、水孔和皮孔侵入。分生孢子主要借助雨水、灌溉水传播，也可借助甘蓝蝇、种蝇幼虫等传播。

［防治方法］

（1）种子消毒用 50℃温水浸种 20 分钟灭菌，或从无病株上采种。用 50％福美双可湿性粉剂拌种，药剂量为种子重量的 0.4％。

（2）尽量选择无病残体的土壤作苗床，或用 50％代森铵200～400 倍液喷施畦面。

（3）初发病即喷药，常用药剂 65％代森锌可湿性粉剂 500～600 倍液、60％代森铵 1 000 倍液、75％百菌清可湿性粉剂 600倍液、1∶1∶250 波尔多液。

（十一）甘蓝霜霉病

［症状］结球甘蓝霜霉病在我国各地发生较普遍，尤以北方和长江流域及沿海湿润地区危害严重。主要危害叶片。幼苗茎和子叶受侵染后，先出现白色霜状霉，后枯死。成株叶片病斑初期为淡绿色，逐渐变为白色、淡黄色至黄褐色、紫褐色或暗黑色不规则病斑。湿度大时，叶背或叶面生疏松白色霉状物；发病严重时，病斑连成片，叶片干枯脱落。病菌也能系统侵染进入茎部，在贮藏期间继续发展达到叶球内，使中脉及叶肉组织上出现不规则形的坏死斑。

［病原及传播途径］该病由霜霉菌侵染所致，属于鞭毛菌亚门真菌。在北方病菌主要以卵孢子在病残体和土壤中越冬，翌年卵孢子萌发产生芽管，从幼苗胚茎处侵入春甘蓝。也能以菌丝体在采种株体内越冬，翌春再侵染；还可以卵孢子附着在种子表面或随病残体混杂在种子中越冬，翌年侵染幼苗。在南方冬季种植十字花科蔬菜的地方，病菌直接在寄主体内越冬，以卵孢于在病残体、土壤和种子表面越夏，再侵染秋甘蓝。

温湿度是影响霜霉病发生与流行的关键因素。孢子囊和卵孢子萌发的最适温度为 7～13℃，侵入寄主的最适温度为 16℃，菌丝体在寄主体内生长则要求 20～24℃，病斑发展最快的温度常在 20℃以下。高湿也有利于孢子囊的形成、萌发和侵入。北方地区，结球甘蓝莲座期以后至包心期，如气温偏高、雨水多或田间湿度大、昼夜温差大，则病害很容易流行。

[防治方法]

(1) 从无病株上采收种子，播种前用 25％甲霜灵可湿性粉剂或 75％百菌清可湿性粉拌种。药剂拌种效果较好，用药量为种子量的 0.4％。

(2) 幼苗期及时拔除病株。定植后，合理灌溉和施肥。收获后及时清洁田园，进行秋季深耕。与非十字花科作物进行 2 年以上的轮作。

(3) 发病初期或出现中心病株时应立即喷药保护，特别是老叶背面应喷到。用 50％灭菌丹可湿性粉剂或多菌灵可湿性粉剂 500 倍液喷洒，也可用利得烟弹和克霜灵烟弹防治，每枚 50 克，每亩用量 4 枚。7 天喷药一次，连喷 3 次。

(十二) 甘蓝菌核病

甘蓝菌核病又称菌核性软腐病。该病主要发生在长江流域和南方沿海各省市，且发病较普遍，危害严重，北方少见。此病主要发生在甘蓝生长后期和采种株上。

[症状] 苗期受害，近地面的茎基部出现水浸状病斑，很快发生腐烂，引起幼苗生白霉或猝倒。结球期被害，常在近地面的茎、叶柄和叶片上产生水浸状淡褐色病斑，引起茎基部和叶球腐烂，患部长出白色绵毛状菌丝和黑色鼠粪状菌核，影响品质和产量。采种株受害，根茎基部、叶柄和荚出现浅黄色病斑，逐渐变为灰白色，最后病组织腐朽。

[病原及传播途径] 该病由核盘菌侵染所致，属于子囊菌亚门真菌。病菌主要以菌核遗留在土壤中或混杂在种子中越冬或越夏，也可以在种株上过冬。混杂在种子中的菌核播种后萌发，产

生子囊盘和子囊孢子，借气流传播，是病害的初侵染源。子囊孢子萌发的适宜温度为5～10℃，48小时发芽率90%以上，对湿度要求不严格。菌丝生长和菌核形成的最适温度为20℃，菌丝不耐干燥，要求85%以上的相对湿度，低于70%时病害扩展明显受阻。菌核萌发最适温度为15℃左右。土壤长期存水，经1个月菌核即腐烂死亡。菌核在50℃时，处理5分钟即死亡。子囊孢子落在衰老叶片上即可侵染，然后进一步侵害健叶和茎，病部长出菌丝进行重复侵染。此病主要借气流、水流或组织接触进行传播。

[防治方法]

（1）与禾本科作物隔年轮作，否则在前作收获后进行一次深耕，将菌核埋入土表10厘米以下，使其不能抽生子囊盘或子囊不能出土。早春在留种地上进行一次中耕，破坏菌丝蔓延及将子囊盘埋入土中。加强田间管理，采种株应支架，雨后及时排水，避免偏施氮肥，增施磷、钾肥，收获后及时清除病残体。

（2）选用无病种子，如种子中混有菌核，可于播种前用10%的盐水选种，除去上浮的菌核和杂质，选的种子必须用清水洗几次再播种，以免影响发芽。

（3）发病初期选用70%甲基硫菌灵可湿性粉剂500～600倍液或50%异菌脲可湿性粉剂1 000倍液、50%腐霉利可湿性粉剂1 500倍液、40%菌核净可湿性粉剂500倍液喷雾，每隔10天左右喷一次。连续喷2～3次。

（十三）甘蓝黑斑病

[症状] 结球甘蓝黑斑病是一种常见病害，又称黑霉病，主要危害叶片、叶柄、花梗和种荚。叶片发病多从外叶或外层球叶开始，病叶两面生有病斑，病斑圆形、灰褐色，生有黑色霉状物，潮湿环境下更为明显。病斑周围有时有黄色晕环，叶上病斑很多时，叶片很容易变黄枯死。茎和叶柄上的病斑呈纵条形，其上长有黑色霉状物。花梗、种荚染病出现黑褐色长梭形条状斑，

结实少或种子瘦瘪。

[病原及传播途径] 本病由云薹链格菌侵染所致,属于半知菌亚门真菌。病菌主要以菌丝体及分生孢子在病残体上、土壤中、采种株上以及种子表面越冬,成为翌年田间发病的初次侵染源。分生孢子的萌发温度为 1～40℃,最适温度 28～31℃,菌丝生长适宜温度为 25～27℃。此病在高温、高湿条件下发病最旺,在较低的温、湿度下发病轻。分生孢子借风雨传播,萌发产生芽管,可从寄主毛孔或表皮直接侵入,在一个生长季节中可多次重复侵染。病菌在水中可存活 1 个月,在土中可存活 3 个月,在土表可存活 1 年。一般在甘蓝生长中后期遇连阴雨天气或肥力不足时发病较重。

[防治方法]

(1) 加强田间管理,深耕土地,合理密植,及时清除病残体。与非十字花科作物进行 2 年以上的轮作。增施有机肥或有机活性肥,注意氮、磷、钾配合,避免缺肥,增强寄主抗病能力。及时清除病残体,收获后及时清洁菜园。

(2) 种子消毒用 50℃温水浸种 20～30 分钟,晾干后播种。

(3) 药物防治于发病前或发病初期喷药。有效的杀菌药有70%代森锌可湿性粉剂 500～600 倍液、78%波·锰锌可湿性粉剂 600 倍液、50%异菌脲可湿性粉剂 1 000 倍液、50%腐霉利可湿性粉剂 1500 倍液。每亩喷药液 50～60 升,每 7～10 天喷一次,连续喷 2～3 次。

(十四) 甘蓝病毒病

甘蓝病毒病在全国普遍发生,是生产中的主要病害之一,我国部分地区秋甘蓝种植因该病造成大量减产。

[症状] 受害幼苗叶片上出现褪绿色圆斑,心叶明脉,轻微花叶。后期叶片显淡绿色与黄绿色斑驳或明显的花叶症状,叶片皱缩。成株受害心叶病症同幼苗,老叶背面有黑色的坏死斑,病害严重者叶面畸形、皱缩,叶脉坏死,植株矮化,结球迟缓,甚

至不结球，植株停止生长或死亡。种株染病，叶片上出现斑驳，并伴有叶脉轻度坏死。

[病原及传播途径] 我国华北、东北、西北、西南等地部分地区甘蓝花叶病毒的毒原主要为芜菁花叶病毒，其次为芜菁花叶病毒和黄瓜花叶病毒的复合侵染，此外还有黄瓜花叶病毒、花椰菜花叶病毒、烟草花叶病毒。病毒寄生于窖贮十字花科蔬菜和部分叶菜类蔬菜越冬，翌年由蚜虫传播。

一般来讲，感病越早，发病越重。幼苗 6～7 片叶期以前植株很不抗病，称为感病敏感期，又叫病毒的有效传染期。当幼苗长到 8 片真叶以后至莲座期，植株的抗性大大增强，感病也较少，莲座期以后一般不再感病。

病毒病的发生除与生育期有关外，还与气候条件有关。如秋季高温干旱，有利于蚜虫的生长繁殖和活动，不利于作物生长，甘蓝抗病力差，发病就严重。如苗期气温低、多雨，则发病轻。土温高、土壤湿度低有利于发病，过早播种发病重。此外，甘蓝如与白菜、萝卜等十字花科作物邻作，病毒病可相互传染，发病也重。

[防治方法]

（1）选用抗病品种。

（2）与非十字花科作物轮作 2～3 年，避免与十字花科作物邻作；加强苗期管理，及时分苗、定植，拔除病苗，降低土温，培育壮苗。

（3）防治蚜虫，因为病毒病的发生与蚜虫息息相关，因此防治好蚜虫，是防治病毒病的重要途径。其主要措施有以下两个：一是适时播种。华北地区秋甘蓝播种期一般以 6 月 25 日左右，长江流域适宜播种期在 6 月 10 日左右。不可播种过早，这样可使甘蓝幼苗病毒敏感期避开蚜虫的盛发期。二是秋菜出苗前应集中消灭菜地周围的蚜虫，以切断毒源。常用净烟弹防治，每亩用量 4 枚。也可用 70% 杀蚜松可湿性粉剂 2 000 倍液或无毒植物农花烟碱乳油 1 000 倍液喷雾。每隔 5～7 天喷一次，连续喷 2～3 次。

二、主要虫害及防治

（一）菜粉蝶

菜粉蝶又称菜白蝶、白粉蝶，其幼虫称菜青虫。主要危害十字花科蔬菜，喜食结球甘蓝叶片。

［危害特点］幼虫食叶，使叶片穿孔、缺刻。2 龄前只能啃食叶肉，留下一层透明的表皮；3 龄后可蚕食整个叶片，轻则虫口累累，重则仅剩叶脉，影响植株生长发育和包球，造成减产。叶球表面几层叶子常被咬坏并排出虫粪污染叶球，使甘蓝品质变坏。该虫危害甘蓝的伤口会导致软腐病发生，从而造成更大的危害。

［主要形态特征及生活习性］成虫体灰黑色，前后翅均为粉白色。雌蝶前翅有 2 个显著的黑色圆斑，雄蝶只有 1 个显著的黑斑。幼虫青绿色，背线淡黄色，腹面淡绿色，体密布细小黑色毛瘤，上生细小毛，沿气门线有黄斑。

各地该虫发生代数、历期不同。东北和华北地区一年发生 3～5 代，华中、华南、西南等地区一年发生 7～9 代，广州市全年均可发生，无越冬现象。主要以蛹在墙壁、篱笆、风障、土缝及杂草等较干燥、隐蔽处越冬，越冬蛹可忍受 −50℃的低温。翌年 3 月底 4 月初开始陆续羽化，由于越冬场所不同，温度差异较大，越冬蛹羽化早晚差别较大，因而具有明显的世代重叠现象，在田间可经常看到卵、幼虫、成虫等。成虫只在白天活动，边吸食花蜜边产卵，以晴朗的中午活动最旺。卵多散生于叶背面，平均每头雌虫产卵 120 粒左右，孵化幼虫危害甘蓝。幼虫共 5 龄，3 龄以前危害较轻，5 龄危害最重，占整个幼虫食叶面积的 84.1%。每年春（4～6 月）、秋（8～10 月）两季甘蓝大面积栽培期间是菜青虫发生高峰期，5～6 月份和 9 月份进入危害盛期。

幼虫老熟后倒挂在叶背面化蛹。

［防治方法］

菜青虫在 2 龄前危害轻，抗药性差，是防治的最好时期。

（1）尽量避免与十字花科蔬菜连作，收菜后要及时清洁田园，以减少虫源。菜蛾发生期间，可安装黑光灯诱杀成虫。

（2）用生物农药苏云杆菌 Bt 乳剂 800～1 000 倍液或 25％灭幼脲 3 号 500～800 倍液喷洒。化学药剂防治应掌握在成虫盛发期和幼虫孵化盛期进行，可喷 40％乐斯本乳油 800 倍液或 2.5％功夫乳油 2 000～3 000 倍液、40％菊杀乳油 1 500～2 000 倍液、20％氰戊菊酯 2 000～3 000 倍液、40％菊马乳油 2 000～3 000 倍液。以上农药可交替使用，以免产生抗药性。

（二）菜蛾

菜蛾属鳞翅目菜蛾类，又名小菜蛾、吊丝鬼、小青虫、两头尖、扭腰虫。该虫主要危害结球甘蓝、白菜等十字花科蔬菜，我国各地均有发生，南方危害较重。

［危害特定］幼虫危害叶片、嫩茎及幼荚。初龄虫啃食叶肉，残留一面表皮，呈一透明斑，农民称之为"开天窗"。3 龄以后将叶食成孔洞和缺刻，严重时叶面呈网状或只剩叶脉。在苗期常集中危害心叶，影响甘蓝包心。幼虫还取食留种株的嫩叶、嫩茎、幼荚及种子，影响结实。

［主要形态特征及生活习性］成虫前翅灰褐色，后翅银灰色。老熟幼虫黄绿色，体节明显，两头尖细，腹部第四至第五节膨大，故虫体呈纺锤形，体上有稀疏长黑刚毛。华北地区一年发生 4～6 代，华中 10～14 代。北方以蛹越冬，南方以成虫越冬。成虫昼伏夜出，有趋光性。卵散产或数粒在一起，多产于叶脉背面凹陷处。幼虫行动灵活，受惊扰后即扭动倒退或吐丝下垂，惊扰停止后又继续危害。幼虫共 4 龄，发育历期 12～27 天。老熟幼虫在叶脉附近结白色茧化蛹，蛹期约 9 天。北方每年 5～6 月、8～9 月（甘蓝大面积栽培季节）危害最重，长江流域和华南各

省以 3～6 月和 8～11 月危害高峰期，秋季重于春季。

[防治方法]

(1) 避免十字花科蔬菜周年连作，秋季栽培时选择离虫源远的田块，收获后及时清除残株落叶，进行翻耕，可消灭大量虫口。

(2) 黑光灯诱杀成虫，在成虫发生期，每亩放置黑光灯 1 盏，灯下放 1 个大水盆，每天早晨捞去盆中的成虫集中杀死。也可用性诱剂诱杀，用当天羽化的雌蛾活体或粗提物诱杀雄蛾。

(3) 可用细菌农药如杀螟杆菌、青虫菌、140、7216 等每克含 100 亿活孢子的苏云金杆菌制剂 500～1 000 倍液喷施。保护天敌，或人工饲养后释放出来控制菜蛾。

(4) 可用灭幼脲 1 号或 3 号制剂 500～800 倍液或 5％抑太保 3 000 倍液、5％锐劲特 3 000 倍液、24％万灵水剂 1 000 倍液等喷雾防治。

(三) 甘蓝夜蛾

甘蓝夜蛾属鳞翅目夜蛾科，又名甘蓝夜盗蛾、地蚕蛾、夜盗虫。该虫除危害结球甘蓝、白菜等十字花科蔬菜外，还危害其他作物，其寄主共有 45 科 120 种以上。我国东北、华北、西北、西南、华中，华东等地普遍发生。该虫属于北方种类，主要发生在长江以北。

[危害特点] 幼虫群集叶背取食叶肉，残留表皮，3 龄后可将叶吃成缺刻状，严重时仅留叶柄；4 龄后分散危害，昼夜取食；6 龄幼虫白天潜伏在根际土中，夜出危害；大龄幼虫可钻入叶球取食，排出大量虫粪，污染叶球，引起叶球腐烂发臭。

[主要形态特征及生活习性] 成虫体前翅棕褐色，头部和胸部暗褐色。前翅具有明显的肾形斑（斑内白色）和环状斑，后翅基部灰白色，后缘带白色，外缘有 1 小黑斑。幼虫体长 28～50 毫米，头部黑褐色。3 龄前为淡绿色，4 龄后开始分化为多种颜

色，主要有绿色型、褐色型和斑纹型。老熟幼虫身体背面黄色或棕褐色，腹面淡绿色，体背面有马蹄形斑纹。

每年发生世代随地区而异，华中、华北地区一年 2～3 代，西南一年 3～4 代。以蛹在 7～10 厘米土中越冬。危害甘蓝的主要是第一代幼虫，于 6 月上旬至 7 月上旬危害晚熟春甘蓝，第三代幼虫于 8 月下旬至 10 月上旬危害秋甘蓝。成虫夜间活动以晚间 9～11 时活动最盛，对黑光灯和糖蜜气味有较强的趋性。卵产在高而密的植株叶背，排列整齐，单层成块，卵期 4～8 天。幼虫期共 6 龄，龄约 25 天，幼虫生长发育最适温度为 18～25℃。初孵幼虫集中在叶背取食，3 龄后幼虫分散，但多在产卵植株周围，因此在田间成团分布。4 龄后白天多隐伏在心叶、叶背或寄主根部附近表土中，夜间出来觅食，此时食量最大，龄期最长，危害最严重。老熟幼虫入土，吐丝做茧进入化蛹，越冬蛹达半年之久。

［防治方法］

（1）做好预测预报，根据以上提供的时间和数据，应做好预测预报，特别是春季预报。

（2）农业防治包括秋季发生地块的后处理，认真耕翻土地，消灭部分越冬蛹，及时清除杂草和老叶，创造通风透光良好环境，以减少卵量。

（3）利用成虫喜糖醋的习性，抓住良机进行诱杀。鉴于雌成虫产卵量大的习性，诱杀成虫的意义特别重要，在方法上可采用糖：醋：水＝6：3：1 的比例，再加入少量甜而微毒的敌百虫原药。认真诱杀成虫。

（4）生物防治可释放赤眼蜂、松毛虫、寄生蝇、草蛉等天敌。

（5）药剂防治可选用 4 000 倍液杀灭菊酯或 2 000 倍液二氯苯酸菊酯、1 000 倍液辛硫磷，根据预测预报提供的材料，及时进行防治。

（四）斜纹夜蛾

斜纹夜蛾又名莲花夜盗蛾、莲花夜盗虫、花土蚕。该虫食性很杂，除严重危害结球甘蓝、白菜等十字花抖蔬菜外，还可危害99科290种作物。

[危害特点] 幼虫食叶，也可危害花蕾、花、荚等。初孵幼虫群集在叶背啃食，只留下表皮。2龄后分散危害，5～6龄食量很大，叶片被吃光，仅留叶脉，也可钻入嫩茎内取食，并排泄粪便，造成叶球污染和腐烂，使甘蓝失去商品价值。

[主要形态特征及生活习性] 成虫体暗褐色，前翅黄褐色，杂以黑褐色斑纹，后翅白色。幼虫体大，多数为黑褐色或暗褐色，虫体上有5条彩色线纹。贵州、华北一年发生4～5代，华中5～6代，华南全年发生。该虫以蛹或幼虫在土中越冬。成虫夜间活动，飞翔力强，具趋光性和趋化性，对糖醋酒液及发酵的胡萝卜、麦芽、豆饼、牛粪等有趋性。卵块由3～4层卵粒叠成。幼虫共6龄，具群集性、暴食性、假死性和成群迁移习性，晴天多在傍晚出来危害。斜纹夜蛾的发育适温较高（29～30℃），因此7～9月份是它的危害盛期。

[防治方法]

（1）诱杀成虫，利用成虫的趋光性和趋化性，主要用黑光灯、糖醋液、杨树枝及甘薯、豆饼发酵液诱杀。

（2）生物防治可释放广翅眼蜂、黑卵蜂、小茧蜂、寄生蝇、杆菌、病毒等。目前有些地区利用斜纹夜蛾核型多角体病毒防治幼虫，效果较好。

（3）3龄前为点片发生阶段，可结合田间管理，进行挑治。4龄后夜出活动，因此施药应在傍晚前进行。常用的药剂有2.5%功夫乳油1 500倍、20%灭扫利乳油1 500～2 000倍、40%氰戊菊酯乳油1 000倍、10%歼灭乳油1 000～1 500倍、特力杀（21.5%敌畏溴）乳油1 000～1 500倍。上述药剂在害虫发生期，每7～10天喷一次，连喷2～3次。可交替使用。

（五）菜螟

菜螟属鳞翅目螟蛾科，又名甘蓝螟、萝卜螟、钻心虫、卷心菜螟，剜心虫。是一种钻蛀性害虫。该虫全国各省、自治区、直辖市均有发生，在南方危害尤重，但近年来华北局部地区危害也较重。该虫主要危害萝卜、结球甘蓝和花椰菜等十字花科作物。

[危害特点] 以幼虫危害心叶、茎髓。受害苗因生长点破坏而停止生长或萎蔫死亡，造成缺苗断垄。该虫危害严重时将心叶吃光，并在心叶中排泄粪便，使甘蓝不能正常包心结球，并能传播软腐病，导致减产。

[主要形态特征及生活习性] 成虫体灰褐色，前翅灰褐或黄褐色，有3条白色横波线，后翅灰白色。老熟幼虫胸腹部黄色或淡黄绿色，体背有5～7条灰褐色至深褐色纵线。

华中、华东地区和四川省一年发生6～7代，华北地区3～4代，广西壮族自治区9代。以老熟幼虫吐丝缀合泥土、枯叶结成蓑状丝囊越冬（少数以蛹越冬），翌春越冬幼虫入土6～10厘米深处做茧化蛹。成虫昼伏夜出，趋光性不强，卵多散产于菜苗心叶内。幼虫共5龄，初孵幼虫多潜叶危害，蛀道宽短；2龄后穿出叶面；3龄吐丝缀合心叶，并在心叶内取食，使心叶枯死，造成无心苗；4～5龄可由心叶或叶柄蛀入茎髓或根部，排出潮湿虫粪，受害苗枯死。该虫喜高温低湿环境，因此于8～9月、幼苗具3～5片真叶时受害最重。

[防治方法]

（1）耕翻土地，消灭部分越冬幼虫；调整播种期，使甘蓝幼苗3～5片真叶期与菜螟盛发期错开；适当灌水，增加田间湿度，既可抑制害虫，又能促进菜苗生长。

（2）生物防治可用青虫菌粉（每克含芽孢100亿）500克加水600～750升喷雾，使用时按药液量加入0.1%洗衣粉或其他黏着剂，以提高防治效果。

（3）药物防治要抓住关键时期，一般在卵期及孵化初期喷药效果好，着重喷心叶。可选用 25％灭幼脲 3 号悬浮剂 800 倍液或 0.5％印楝素乳油 800 倍液、1％苦参碱醇溶液 500 倍液、高效 Bt 可湿性粉剂 600 倍液、20％抑食肼（虫死净）可湿性粉剂 1 000 倍液。

（六）黄曲条跳甲

黄曲条跳甲属鞘翅目叶甲科。又名土跳蚤、地蹦子、黄条跳甲。该虫分别很广，几乎遍及全国各省、自治区、直辖市。除主要危害结球甘蓝、白菜等十字花科蔬菜外，还危害瓜类、豆类、茄果类蔬菜。近年来危害逐渐加重，在南方有些地区已上升为危害蔬菜的头号害虫。

［危害特点］成虫食叶，以幼苗期危害最严重。成虫将菜叶啃食成许多小孔，刚出土的幼苗往往被吃光，整株死亡，在留种地主要危害花蕾和嫩荚。幼虫只危害根，蛀成许多环状弯曲虫道，咬断须根，使叶片从外到里枯黄，最后萎蔫枯死。同时还可传播软腐病。

［主要形态特征及生活习性］成虫体长 1.5～2.4 毫米，黑色有光泽，鞘翅上各有 1 条黄色纵斑，中部狭而弯曲，后足腿节膨大，因此善跳；胫节、跗节黄褐色。老熟幼虫体长约 4 毫米，长圆筒形，乳白色或黄白色，各节具不显著肉瘤，生有细毛。卵长约 0.3 毫米，椭圆形，淡黄色，半透明。蛹长约 2 毫米，椭圆形，乳白色，头部隐于前胸下面，翅芽和足达第五腹节，胸部背面有稀疏的褐色刚毛。腹末有 1 对叉状突起，叉端褐色。

黄曲条跳甲在我国北方一年发生 3～5 代，南方 7～8 代，上海 6～7 代。在华南及福建漳州等地无越冬现象，可终年繁殖。在江浙一带以成虫在田间、沟边的落叶、杂草及土缝中越冬，越冬期间如气温回升 10℃以上，仍能出土在叶背取食危害。越冬成虫于 3 月中下旬开始出蛰活动，在越冬蔬菜与春菜上取食活动，随着气温升高活动加强。4 月上旬开始产卵，以后每月发生

1代，因成虫寿命长，致使世代重叠，10～11月间，第6～7代成虫先后蛰伏越冬。春季1、2代（5、6月）和秋季5、6代（9、10月）为主害代，危害严重，但春节危害重于秋季，盛夏高温季节发生危害较少。

湿度对黄曲条跳甲的发生数量关系最大，特别是产卵期和卵期。成虫产卵喜潮湿土壤，含水量低的极少产卵。相对湿度低于90％时，卵孵化极少。春秋季雨水偏多，有利于发生。

黄曲条跳甲的适温范围21～30℃，低于20℃或高于30℃，成虫活动明显减少，特别是夏季高温季节，食量剧减，繁殖率下降，并有蛰伏现象，因而发生较轻。

黄曲条跳甲属寡足食性害虫，偏嗜十字花科蔬菜。一般十字花科蔬菜连作地区，终年食料不断，有利于大量繁殖，受害就重；若与其他蔬菜轮作，则发生危害就轻。

［防治方法］

（1）提倡采用防虫网。幼苗定植后，及时中耕，使表土干燥，以阻抑卵的孵化。收获后及时清除残株落叶及杂草，并集中堆沤、焚毁。铺设地膜，避免成虫把卵产在根上。利用成虫具有趋光性及对黑光灯敏感的特点，使用黑光灯诱杀具有一定的防治效果。

（2）种菜前每亩用3％辛硫磷颗粒剂1.5千克配制药土撒布，以杀死土中的幼虫。可选用2.5％鱼藤酮乳油500倍液或0.5％川楝素杀虫乳油800倍液、1％苦参碱醇乳液500倍液、24％阿维·毒乳油2 500倍液、10％高效氯氰菊酯乳油2 000倍液、90％敌百虫1 000倍液、50％辛硫磷乳油1 000倍液喷雾，以防治成虫，后两种药液还可用于灌根防治幼虫。使用敌百虫应在采收前7天停止用药。

（七）菜蚜类

危害结球甘蓝的蚜虫主要有甘蓝蚜（又称菜蚜）、萝卜蚜（又称菜缢管蚜）和桃蚜（又称烟蚜），均属同翅目蚜科，在全国各地广泛分布。该虫除危害十字花科蔬菜外，还危害其他作物。3 种蚜虫常混合危害。

[危害特点] 成蚜、若蚜均以刺吸式口器吸食寄主的汁液，使植株严重失水而卷曲，轻则叶片上绿色不均或发黄，难以迅速生长；重则整个叶片失水发软，扭曲变黄，不结球。对留种株则危害嫩荚、嫩茎和花梗，使花梗扭曲畸形，影响结实。蚜虫可传播多种病毒（芜菁花叶病毒和黄瓜花叶病毒），使秋甘蓝病毒加重，以至不能结球。该虫传播病毒所造成的损失远远大于蚜害本身。

[主要形态特征及生活习性] 甘蓝蚜的无翅胎生雌蚜体暗绿色，被有较厚的白蜡粉，复眼黑色，触角无感觉孔，腹管短于尾片。有翅胎生雌蚜头、胸部黑色，复眼赤褐色，腹部黑绿色，有数条不很明显的暗绿色横带，全身覆有明显的白色蜡粉，触角有感觉孔，腹管很短，远比触角第五节短，中部稍膨大。

萝卜蚜的无翅胎生雌蚜体绿色或黑绿色，被白色薄粉，表皮粗糙，腹管长筒形，腹管为尾片的 1.7 倍。有翅胎生雌蚜头、胸黑色，腹部绿色，第一至第六腹节各有独立缘斑，腹管前后斑愈合。

桃蚜的无翅孤雌蚜体淡色，头部深色，体表粗糙，但背中域光滑，第七、第八节有网纹。腹管长筒形，腹管为尾片的 2.3 倍，尾片黑褐色、圆锥形。有翅孤雌蚜头、胸黑色，腹部淡色，触角第三节有小圆形次生感觉圈 10 个左右，腹部第四至第六节背中融合为一块大斑。

3 种蚜虫的发生代数一般每年为 10～20 代，南方部分地区可达 30～40 代。以无翅胎生雌蚜在贮藏种株、菠菜或阳畦种株上越冬，或在杂草、菜心里以卵越冬。部分成虫、若虫可在加温温室中继续繁殖，不越冬。翌春产生有翅蚜迁移到甘蓝上继续胎生繁殖，至 10 月下旬进入越冬。桃蚜的发育最适温度为 24℃，高于 28℃不利于其发育。萝卜蚜繁殖适温为 15～26℃，比桃蚜的适温稍广些。甘蓝蚜繁殖适温为 16～17℃，低于 14℃或大于 18℃繁殖趋于减少，因此 5～6 月和 9～10 月是甘蓝蚜危害盛期。

3 种蚜虫对黄色、橙色均有强烈的趋性，绿色次之，对银灰色有负趋性。利用黄皿诱杀，是研究蚜虫迁飞、扩散的有效方法。用银灰色塑料薄膜网遮盖育苗，可达到早期避蚜，减少病害的目的。

[防治方法]

(1) 加强预测预报，可在甘蓝田间设置黄皿和黄板诱蚜，每亩放置黄板 8 块左右，也可张挂银灰色膜条避蚜，膜宽 12～23 厘米，高度均以不高于 1 米为宜。这样可监测有翅蚜迁飞情况和调查田间蚜虫数量消长情况，从而采取防治措施。

(2) 设施栽培提倡采用防虫纱网。全棚覆盖有困难时，在棚室保护地的入口或通风口安装防虫网亦可。可采用银灰色膜驱蚜，避免有翅蚜迁入菜田传毒，在播种或定植前，间隔铺设银灰色膜条，以防患于未然。

(3) 田间蚜虫初发期开始释放食蚜瘿蚊，单株有蚜虫 20 头时，应释放 2 头瘿蚊；单株有 200 头蚜虫时则释放 20 头。还可用毒力虫霉菌、烟蚜茧蜂防治菜蚜。

(4) 蚜虫繁殖快、蔓延迅速，而且多在心叶及叶背皱缩处危害，药剂难以全面喷到，喷药时要求尽量周到细致，尽量选择兼有触杀、内吸、熏蒸三重作用的农药，如国产 50%高渗抗蚜威或抗蚜威、50%避蚜雾（成分为抗蚜威）可湿性粉剂 2 000 倍液，选择性强，仅对蚜虫有效，对天敌无害。还可选用 10%吡虫啉可湿性粉剂 1 500 倍液或 40%乐果乳剂 1 000～2 000 倍液、20%氰戊菊酯乳油 2 000 倍液、21%啶虫脒可溶性液剂 2 500 倍液、10%氯氰菊酯乳油 2 000 倍液等，防治效果好，每亩喷 70 升药液。使用抗蚜威应在采收前 11 天停止用药。在保护地内，每亩可使用 22%敌敌畏烟剂 500 克，于傍晚将温室或大棚密闭熏烟，既省工，效果又好。

（八）小地老虎

小地老虎属鳞翅目夜蛾科。又名地蚕、黑土蚕、土蚕、夜盗虫、切根虫、截虫、呆干。全国各地均有发生。

[危害特点] 以幼虫咬断幼苗，3龄前将叶片吃成网孔状，4龄后咬断幼苗嫩茎，成株期也可钻入甘蓝叶球中危害。

[主要形态特征及生活习性] 成虫体长16～23毫米，翅展42～54毫米，头胸暗褐色，前翅中室附近有黑色肾形斑，后翅灰色无斑纹。幼虫体长37～47毫米，灰黑色，体表密布黑色粒状突起，臀板上有2条深褐色纵带。蛹赤褐色，有光泽，第五至第七腹节背面的刻点比侧面的刻点大，臀棘为短刺1对。

小地老虎发生世代因地而异，一般一年发生2～7代。长江以北2～4代，长江以南6～7代。在南方以老熟幼虫、蛹或成虫在土中越冬。成虫有较强的趋光性和对酸甜物质的趋化性，黄昏至午夜最活跃，卵散产于土面上或落叶、土缝及接近地面的茎叶上。第一代幼虫发生盛期为5月上中旬，各地均以第一代幼虫危害最严重。幼虫行动敏捷，有假死性和迁移危害习性。1～2龄幼虫多集中于心叶或嫩叶上，啃食叶肉留下表皮。3龄后昼伏夜出，天刚亮露水多时危害最重，咬断嫩茎或嫩尖。4龄以后幼虫有迁移暴食危害的习性，5～6龄为暴食期，占整个幼虫食量的95％。幼虫老熟后在土中化室做蛹。小地老虎喜欢温暖及潮湿的条件，最适发育温度为13～25℃。

[防治方法]

（1）除草灭虫。杂草是地老虎产卵的场所，也是幼虫向作物转移危害的桥梁，春耕前进行精耕细作或在初龄幼虫期铲除杂草，可消灭部分虫、卵。

（2）诱杀成虫用糖、醋、酒诱杀液或甘薯、胡萝卜等发酵液。

（3）诱捕幼虫用泡桐叶或莴苣叶，于每日清晨到田间捕捉；对高龄幼虫也可在清晨到田间检查，入如果发现有断苗，拨开附近的土块，进行捕杀。

（4）对不同龄期的幼虫，应采用不同的施药方法。幼虫3龄前用喷雾，喷粉或撒毒土进行防治；3龄后，田间出现断苗，可用毒饵或毒草诱杀。喷雾，每亩可选用50％辛硫磷乳油50毫升或2.5％溴氰菊酯乳油20～25毫升、40％氯氰菊酯乳油20～25毫升、90％晶体敌百虫50克，兑水50升。喷药适期应在有虫3龄盛发前。毒土或毒砂，可选用2.5％溴氰菊酯乳油90～100毫升或50％辛硫磷乳油30毫升、40％甲基异柳磷乳油30毫升加水适量，拌细土3千克配成毒土，每亩20～25千克顺垄撒施于幼苗根标附近。毒饵或毒草，一般虫龄较大时可采用毒饵诱杀，可选用90％晶体敌百虫30克或50％辛硫磷乳油30毫升，加水150～200毫升，喷在3千克碾碎炒香的棉籽饼、豆饼或麦麸上，于傍晚在受害作物田间每隔一定距离撒一小堆，或在作物根际附近围施，每亩5千克。毒草可用90％晶体敌百虫30克，拌砸碎的鲜草5～6千克，每亩用15～20千克。

（九）大地老虎

大地老虎属鳞翅目夜蛾科。该虫在我国分布较普遍，在长江流域危害严重，在北方危害较轻。

［危害特点］同小地老虎。

［主要形态特征及生活习性］成虫体褐色，前翅从基部至2/3处呈黑褐色，外缘有黑褐色及小黑点1列，缘毛黄褐色。后翅褐色，翅脉及外缘色更浓。幼虫体长41～61毫米，体表多皱纹，颗粒不明显，臀板全部为深褐色。

华北部分地区一年发生1代。以幼虫在土内或草丛中越冬，翌春4～5月开始活动，6月前老熟幼虫入土越夏，秋天化蛹羽化成虫，冬前在土内越冬。其产卵同小地老虎。

［防治方法］同小地老虎。

三、生理障害及防治

结球甘蓝的生理障害主要是由于营养及环境不适造成的。

（一）缺钙

[症状] 叶色失绿并有白斑，叶片卷缩，生长点死亡，发生"干烧心病"。

[发生原因] 施三元复合肥过量、土壤干旱、空气相对湿度较小，使钙易流失，造成缺钙，从而使土壤中酸性物质过量，导致甘蓝缺钙。

[防治方法] 及时增施含钙肥料或叶面喷施普乐钙水溶液。

（二）缺硼

[症状] 采种株易出现花发育不全，生长点枯死，果实畸形或木栓化。

[发生原因] 施农家肥少，土壤干燥，碱、酸性土壤，都会影响作物对硼的吸收。

[防治方法] 增施硼肥、腐熟农家肥，及时合理地浇灌，叶面喷施普乐硼水溶液。

（三）光照不良引发的生理障害

[症状] 光照不足，对结球甘蓝的生长影响极大，主要表现在幼苗期和结球期。幼苗期光照不足引起光合作用下降，叶绿素生长缓慢，很难培养出壮苗，而且容易发生真菌性病害。结球期容易出现结球不实，品质下降，甚至引发病虫害。

[防治方法] 温室栽培春甘蓝要尽早揭草苫，增加光照时间，在不造成温室温度急剧下降的前提下，尽早揭开草苫，摺放草苫应适当延后。最好在温室后墙挂聚酯镀铝膜反光幕，可有效增加光照度，克服光照不足带来的不良影响。

（四）温度不适引发的生理障害

主要指低温生理障害。冬春季温室栽培甘蓝，生长期正值最寒冷的季节，如温室保温性能差，防寒措施不当，便会使甘蓝遭受低温危害。

[症状] 低温障害主要危害甘蓝叶片、根系、生长点、花、果等部位。

　　[防治方法] 定植前进行幼苗低温锻炼，适时提早定植。根据当地气候条件，增加温室外保温设施，建设标准节能型日光温室。

四、结球甘蓝生产中存在的问题及解决途径

(一) 未熟抽薹

　　春结球甘蓝未熟抽薹是指在春季栽培结球甘蓝时，未结球以前遇到一定的低温感应，或幼苗期间满足了它们的春化要求，将秧苗栽培以后，一旦遇到长日照，不能继续生长叶球，而转入生殖生长、抽薹开花的现象，结果是降低或完全失掉其商品价值。主要由以下因素引起：

　　1. 不适宜播种期和定植期　早春栽培结球甘蓝品种不同、冬性强弱不同，对低温感应的苗龄大小、时间也不同。每个结球甘蓝早春栽培的品种在不同地区具有不同适宜播期，如果播种过早，定植时幼苗营养体生长过大，很容易接受低温感应，通过春化而抽薹。根据现有的资料，结球甘蓝通过阶段发育的特点是，在较低温度（0～15℃）下，幼苗具有一定数目的叶片和一定的茎粗时，植株就可能通过春化。例如，越冬育苗的秋播中熟品种（秦甘 80，京丰 1 号）茎粗为 8 毫米以上、真叶约 12 片左右，冬播早熟品种（中甘 9398，秦甘 8505）茎粗为 6 毫米以上、真叶约 8 片左右的幼苗，均可接受低温感应，引起未熟抽薹，应选用比这些感应低温苗再稍小的苗越冬为宜。播种过晚，苗若过小，虽不必担心抽薹，但会影响上市期和产量；播期适宜，而定植过早，若遇"倒春寒"，也会引起未熟抽薹。因而，适期播种和定植是春结球甘蓝栽培成功的关键。

　　2. 冬性弱的品种遗传特性　结球甘蓝的不同品种，对低温感应和发生未熟抽薹的百分率有很大的差别。即使生育期相同的品种，因其品种特性的不同，对低温感应的苗龄大小和通过春化时间亦有明显的不同。这种品种特性是由遗传基因决定的。因此

在播种同一熟性品种时，需区别对待，选择不同播期。

3. 土壤条件　结球甘蓝在不同土壤上的生长是有差异的，土壤种类不同，结球甘蓝生长发育速度不同。在同一定植期，沙性土壤栽培结球甘蓝生长速度快，成熟早，发生未熟抽薹率相对较高；黏性土壤栽培结球甘蓝一般生长发育慢，发生未熟抽薹率相对较低。结球甘蓝一般食管脓肿发育慢，发生未熟抽薹率相对较低。结球甘蓝生长在肥沃土壤中茎叶生长旺盛，即使花芽已形成，也可抑制其生殖生长，减少未熟抽薹率，因此栽培春结球甘蓝时，应根据不同土壤质地，选择适宜定植期。一般在土壤质地差、瘠薄土壤中栽培春结球甘蓝，相对定植稍晚，可防止或减少未熟抽薹发生。

4. 栽培管理　结球甘蓝春化接受低温感应需一定大小营养体（茎粗≥6毫米），随着植株生长量的增加，营养体过大，通过春化阶段也较迅速。即使适期播种，因苗床肥水用量过大，特别是氮肥过多及床温过高，都会促使秧苗生长过大或徒长，过早达到低温感应营养体标准，也会发生未熟抽薹。因此，在苗床管理中要适当控制肥水，培育壮苗。如果秧苗过大，可适当控制或降低苗床温度，或增加分苗次数来抑制幼苗过量生长，使幼苗在苗床越冬前或早春定植后保持健壮而不过大。但秧苗抑制不能过分，否则虽然不易未熟抽薹，但会降低产量、推迟采收，达不到提早栽培目的。当幼苗定植缓苗后，要加强肥水管理，促进营养生长，使春结球甘蓝早包球，早成球；防止过于干旱和缺肥而导致未熟抽薹。

5. 异常气候因素　结球甘蓝适时播种定植后，如遇暖冬或春寒的反常气候也易引起未熟抽薹。当中熟品种越冬育苗时如遇暖冬、苗床温度过高而促使幼苗继续旺盛生长，结果苗体达到了春化感应低温的苗龄大小，易通过春化；当春季定植后，又发生春寒（即所谓"倒春寒"），气温较低，使生长较大的秧苗易通过春化阶段，这两种气候因素都可引起未熟抽薹。在春结球甘蓝栽培中，这些反常气候因素都可引起未熟抽薹，这些反常气候很难预测，所以只有随机应变处理。应注意长期天气预报，及早采取防止春寒的保温措施。对越冬栽培或育苗，如遇暖冬，可进行大田断根或育苗床通风、控水肥等措施抑制植株或秧苗生长，必要时分苗一次，分苗对防止暖冬引起未熟抽薹起重要作用。因为分苗使幼苗根系受到了破坏，需要经过相当长的时间才能恢复过来，而地上部茎、叶的生长受到根系的制约，生长缓慢，可以把越冬生长的幼苗控制在感受春化的生理苗龄之下；另外，分苗时对幼苗进行严格选择，使苗大小一致，定植后防止争水、争肥，出现大小苗。对早春已定植田间生长到一定大小的苗，如遇春寒，有条件时可提前覆盖薄膜；另外，在低温前或低温期间用邻氯苯丙酸（CIPP）400 倍液处理结球甘蓝生长点，可抑制抽薹（若低温过后处理反而会促进抽薹）。如在莲座期已发生抽薹迹象，可喷洒抽薹抑制剂，促进结球。据研究，在花芽分化前施用三碘苯甲酸（TIBA）、青鲜素（MH）、比久（B_9）、矮壮素（CCC）等，能促进花芽形成；在花芽分化及抽薹开始时施用，可抑制或延迟抽薹。春结球甘蓝栽培如已经发生未熟抽薹，可切除顶芽，促使腋芽发育结小球，减少损失。

（二）干烧心

结球甘蓝干烧心是指结球初期或包球后，球叶边缘上出现干黄化，叶肉呈干纸状，发病组织和正常组织之间界限分明。发生干烧心的叶片，不会继续生长，叶片在先端边缘向内弯曲，表面皱缩。干烧心严重时引起不能结球，轻时结球不紧实。

干烧心是一种生理病害，并非由于细菌、真菌、病毒侵袭所引起。主要是由植株缺钙所致。植株缺该原因：一是土壤本身缺钙；二是由于氮肥施用过多、灌水不足或灌水水质不良、氯化物含量过高，致使土壤盐浓度过高，出现反渗透现象，抑制了钙素的吸收，而形成缺钙现象；三是植株球叶内部钙缺乏所致，虽然有大量的钙为根吸收，但只有很少一部分输送到叶球内部叶片中去。这是因为环境条件阻碍钙运转到叶球内部叶片的边缘组织，以致烧边。防止结球甘蓝干烧心发生，在栽培措施上，选择含钙多的田块，深耕，多施有机肥，增强土壤的保水力。在结球甘蓝生长中，如天气干燥，要及时灌水，且水质要好；同时防止土壤积水，影响根系吸收。追肥时，勿单一或过量追施氮肥，需结合灌水或根据土壤墒情，适量追施磷、钾肥。

（三）不结球或结球松散

结球甘蓝在正常气候条件下都会形成叶球，但在不正常的条件下，容易发生不结球或结球松散的现象，失去食用价值或降低商品性。这种现象是引起结球甘蓝减产的一个重要因素。

1. 品种不纯 结球甘蓝与芸薹属种间杂交率很低，通常需人工杂交授粉上千朵花才可望获得1粒至数粒种子，而杂种种子又常常不能萌发，或萌发后幼苗早期夭亡，制种时不必担心种间混杂。但结球甘蓝与其变种间均易相互串花杂交。如结球甘蓝与花椰菜或球茎甘蓝之间发生天然杂交，它们之间杂交种子长成的植株往往不结球。因而结球甘蓝一代杂种制种时必须隔离，防止天然杂交，易相互杂交的变种、品种间须进行严格隔离。隔离距离在开阔地区应在2 000米以上，有屏障的地区在1 000米以上，才能保证甘蓝杂交种的纯度。另外，一代杂种继续留种会产生许多重组类型，使一代杂种自交后代群体的遗传结构发生很大的分离变化，因而造成栽培田的混杂劣变，也会出现不结球或结球松散现象。所以，结球甘蓝栽培时，选用纯正的种子是保证高产的前提。

2. 播种和定植期遇异常气候 结球甘蓝播种期和定植期的选定与当地气候有密切的关系。同一地方地势高度不同，播种和定植期也不相同，海拔越高，春结球甘蓝播种和定植越晚（秋冬甘蓝相反），否则易引起未熟抽薹或叶球未包紧实而遇早霜。有时播种期是适当的，但遇生长及结球过程中气候反常，也会导致不结球或结球松散。在秋冬甘蓝结球期如遇到长时间阴雨天，光照不足，结球甘蓝叶片光合同化物质积累少，土壤水分过多，土壤通气不良，都可出现不结球或结球松散现象。栽培结球甘蓝时，除反常气候较难防止外，对于同一地方不同海拔高度，可根据气候因素选定提前或推迟播种和定植期。一般秋冬甘蓝栽培，海拔每升高 100 米，可提前 3～4 天播种，使秋冬甘蓝叶球形成处在昼热夜凉、光照充足的时期，并在早霜来临前完成营养生长期，达到防止不结球或结球松散的目的。

3. 肥水管理不当和病虫害　肥水供应不足或过量都会造成结球松散。因为适量追施氮肥，不仅加速了外叶的生长，而且延长了外叶的寿命，增强了植株的光合势，加速了球叶的充实；但氮肥施用过多，又缺乏钾肥，容易导致包球初期推后，延迟包球期，遇早霜和低温引起结球不良。土壤水分不足加上空气干燥，也易引起结球松散。病虫危害主要是害虫咬断植株生长点，蚕食叶片以及病毒病、黑腐病等病害引起叶片萎缩。由于减少叶片光合量，使叶球松散或不结球。因而栽培结球甘蓝时，既要施足基肥，也要分次追肥，特别在莲座叶生长期及结球期，都要有充足的肥水供给，并从播种到采收都要加强病虫防治。

4. 耐热性弱的品种高温期栽培　结球甘蓝的耐热性是由品种遗传基因决定的，品种不同其耐热性表现不同。一般品种在秋冬栽培都可结球紧实，但不耐热品种在温度较高的夏季栽培，也不能正常结球。因此，夏甘蓝栽培时，需选择耐高温的品种。

5. 营养元素缺乏　在结球甘蓝生长过程中，缺钾，叶缘变青铜色而干枯，叶球内部叶片变小而弯曲；缺钙，则引起叶球内部叶缘腐烂、褐变而卷缩。两者都可引起结球松散。选择含钙多的土壤、基肥多用有机肥、增施钾肥等，是防止这种结球松散的有效措施。

(四) 裂球

裂球是指叶球完全形成后，由于没有及时采收，引起结球后期出现叶球开裂或因品种特性，未完全成熟而叶球开裂的现象。

裂球的结果不但降低叶球的商品品质，而且因容易感染病菌而导致腐烂。

引起结球甘蓝裂球的原因：①在叶球形成过程中遇到高温及水分过多的环境，致使叶球的外侧叶片已充分成熟、而内部叶片继续再生长，于是产生裂球现象。②栽培季节和品种熟性不同引起。一般早熟品种在春季生长成熟后，或早、中熟品种在秋冬栽培时，定植过早、不及时采收，都可严重引起裂球；晚熟品种相对不太裂球。③品种特性和不同球形引起。一般尖头类型品种不易裂球，平头类型品种易裂球。

防止裂球措施：①除考虑当地消费者习惯外，应选择尖头类型品种栽培；②适时定植，及时采收；③结球过程中肥水供应要均匀；④对于冬季气温较高地区，成熟叶球在田间越冬时，可割取外叶，减缓叶球内部叶片的生长，或采取切根的方法和菜农所谓"扭伤"处理。用双手抓住包好球的且有轻微破裂的叶球，使之左右晃动（松动就行）1～2次，待须根被挣断即止，可抑制生长，达到防止裂球的目的。

（五）茎叶变紫

结球甘蓝茎叶变紫是指春甘蓝定植后或秋冬甘蓝结球后期，茎叶表现褪绿变紫的现象，严重时可减少植株光合量，影响植株生长发育。

引起结球甘蓝茎叶变紫的原因：①缺磷。春结球甘蓝定植后，由于伤根和灌水降温及外界气温较低，致使定植后秧苗的养分运转缓慢而缺乏磷素营养，在生态上表现出茎叶发紫。②春结球甘蓝定植后遇到春寒或秋冬甘蓝生长后期遇到低温，也可引起茎叶变紫，这是结球甘蓝对外界不良气温变化的反应。③品种制种时与其他品种混杂，如普通甘蓝与紫甘蓝串花杂交，后代杂种表现叶脉和茎呈紫红色。栽培结球甘蓝时，为了防止茎叶变紫发生，磷肥除在基肥中施足外，在定植后和结球期分期进行叶面喷施磷酸二氢钾，不但可防止结球甘蓝茎叶变紫，并对结球甘蓝结球有良好的效果；在春季定植时，尽量多带土坨定植，防止伤根，增强根系吸收功能；品种制种时保证一定的隔离区。

第五节　结球甘蓝贮藏

一、贮藏原理

（一）呼吸作用

结球甘蓝在收获后，呼吸作用成为新陈代谢的主要方面。呼吸不断地分解消耗内在的营养物质，释放出二氧化碳和能量，使环境温度升高。因此，在贮藏过程中必须随时排除释放的热量，才能保证贮藏场所的温度恒定。植物的呼吸有两种形态，即有氧呼吸和缺氧呼吸。有氧呼吸是主要的呼吸方式，从空气中吸收分子态氧，呼吸底物最终被彻底氧化成水和二氧化碳。缺氧呼吸不需从空气中吸收氧，释放的能量很少，为获得同等数量的能量，要消耗远比有氧呼吸多的呼吸底物，其最终产物为乙醛和乙醇等对细胞有毒的物质，因而在贮藏过程中要尽量减少缺氧呼吸。

影响呼吸的因素：

（1）品种　甘蓝因品种不同，其呼吸强度呈现出明显的差异。一般来说，晚熟品种的呼吸强度通常比较大，因其参与呼吸作用的氧化系统比较活泼，容易使底物彻底氧化，缺氧呼吸所占比重小。早熟品种反之。因此，晚熟品种较早熟品种耐贮藏。

（2）成熟度　在结球甘蓝生长发育过程中，一般是幼嫩时呼吸作用铰强，老熟时呼吸作用较弱，因而充分成熟的甘蓝比幼嫩的甘蓝耐藏，所以用于贮藏的甘蓝要待充分生长成熟后再采收。

（3）温度　在一定的温度范围内，温度愈低，甘蓝的呼吸作用愈缓慢，物质的消耗也愈少，贮藏寿命愈长。相反，贮藏的温度愈高，呼吸作用加快，愈不耐贮藏。因此，在贮藏过程中，应当保证在不受冻害的前提下尽量维持较低的温度，减少营养物质的消耗，以延长贮存时间。结球甘蓝适宜的贮藏温度是 $-0.6℃$

±0.1℃。此外，也要注意在贮藏过程中尽量保持低温稳定，温度忽高忽低，能刺激甘蓝的呼吸作用，增加营养消耗，影响贮藏期限。

（4）空气成分　空气中氧气多时呼吸作用强，降低氧的浓度，呼吸就会受到抑制。一般要使氧浓度降至 5％左右，呼吸强度才会明显降低。空气中二氧化碳多时呼吸也会受到抑制。比较合适的二氧化碳浓度大致为 1％～5％。因此，在保持甘蓝正常生命活动的前提下，适当增加空气中二氧化碳的含量，减少氧的含量，可以延长贮藏时间。

（5）机械损伤和病虫害　结球甘蓝在收获或搬运过程中受到碰伤、挤压或割伤，使内层组织直接与空气接触，加速气体交换，使组织内的氧含量升高，此时组织对创伤会产生防卫反应，各种机能都会被调动，从而引起呼吸作用加强，不利于贮藏。故在收运贮藏中要尽可能避免机械损伤。

虫咬、病菌侵害的影响与机械伤害类似。因此，在栽培贮藏结球甘蓝时要注意防治病虫害，贮藏时要将虫咬和腐烂的结球甘蓝挑出去。

（二）蒸腾作用

结球甘蓝的含水量高达 90％以上。但在收获后、贮藏中其水分会因蒸腾作用而不断散失，最后导致萎蔫，失去鲜度，使品质大大下降。蒸腾作用可使正常的代谢过程遭到破坏，会明显影响到甘蓝的耐藏性和抗病性。

结球甘蓝水分蒸发的快慢，与温度、湿度、通风条件有密切的关系。温度越高、湿度越小，水分蒸发越快，反之水分蒸发减慢。温度较低、湿度稍大，有利于减少水分蒸发，延长贮藏时间。但温度较低、湿度过大，甘蓝表面又会冷凝聚成水滴，极易引起腐烂。因此，在贮藏期间应当根据甘蓝对温湿度的要求，掌握好适宜的温度和湿度，既要减少水分蒸发，又要防止腐烂，如果贮藏场所湿度过大，应采取通风措施，调节湿度。

二、贮藏方法

（一）窖藏法

利用自然调温的办法来尽量维持所要求的贮藏温度。窖藏的特点是可以自由进出及检查贮存情况，也便于调节温湿度，其贮藏效果较稳定，风险性较小。

贮藏窖多采用棚窖。建造时先在地面挖一长方形坑，窖顶铺设木料、秸秆，并盖土，窖顶开设1～2个窖口（天窗），供出入和通风之用，另在墙的基部开设通风洞（气眼），用于换气。根据坑的深浅可分为地下式和半地下式，一般寒冷地区采用地下式，较温暖或地下水位较高地区采用半地下式。地下式挖土深达2.9～3米，半地下式挖土1～1.5米，地上部土墙高1～1.5米。

贮藏窖可用于晚热春甘蓝夏季贮藏，也可用于秋甘蓝冬季贮藏。窖藏的结球甘蓝容易落叶、脱色、叶片返黄以至腐烂。为了在贮藏时减轻和延缓这些现象的发生，凡用作贮存的甘蓝不可有机械和虫害损伤，收获前2～3天不要浇水，也不可雨后采收。窖贮甘蓝可在窖内堆成塔形垛，宽约2米，高1米左右，垛间留出通风道。此法的缺点是贮量少。最好采取架贮，各层架相距75～100厘米，架上铺放木板，木板间留有缝隙，每层架上堆放3～6层甘蓝，并空出20厘米高的空间通风。夏季贮藏入窖前要将收获后的甘蓝放在凉棚下充分散热，并在茎基部切口处涂一层石灰膏，以防感染软腐病。要加强通风管理，白天关闭窖门，夜间敞开窖门，使窖内温度尽可能低一些。夏季窖藏一般可贮存甘蓝15～20天。冬季贮藏要将甘蓝先堆放露地1周左右，使之散失一些水分再入窖，其温度管理大致分为3个阶段：第一阶段为入窖初期，此时窖内温度较高，湿度较大，应加强通风换气，以降低窖内的温湿度．每4～5天要倒一次菜，帮助散发菜垛内的热量，防止脱帮和腐烂。第二阶段是进入寒冷季节以后，气温、窖温都显著下降，此时应减少通风，以保温为主，防止发生冻害,基本不用倒菜。第三阶段是立春以后,气温、窖温又逐渐回升,此时要尽量减缓窖温回升的速度,一般在白天封闭气眼、天窗,防止外界热空气进入,夜间打开,放入冷空气,同时要增加倒菜次数,避免结球甘蓝发热腐烂。其贮藏适温为 $0°C \pm 1°C$,适宜空气相对湿度为 $8\% \sim 90\%$。冬季窖贮甘蓝可达 $2 \sim 3$ 个月之久。

(二)埋藏法

利用田间或空地上的临时性场所。应用时建造,贮藏结束时便拆除填平,基本不影响田间耕作。埋藏方法,是将结球甘蓝堆放在沟里或坑内达一定的厚度,面上一般只用土覆盖。沟宽约 $1.5 \sim 2$ 米,沟深视当地气候条件及堆放甘蓝的层数决定。一般沟内堆放两层,下层根向下,上层根向上,面上覆土,京津地区覆土厚度 20 厘米左右。其优点是甘蓝在稳定的温度环境中不致受冻害,堆内湿度较大,因而有利于保持甘蓝的鲜度,减少自然损耗。另外,堆内还有二氧化碳的积累,一定浓度的二氧化碳对抑制甘蓝的呼吸、延长贮藏寿命有良好的作用。其缺点是不便于随时捡查。埋藏的时间一般从 11 月到翌年春天,地温开始升高时结束。

(三)假植贮藏法

将结球甘蓝密集假植在沟或窖内,使其处于极其微弱的生长状态,但仍保持正常的新陈代谢过程。是一种抑制生长的贮藏法。假植贮藏可使甘蓝在贮藏期继续从土壤中吸收一些水分和养分,不仅延长了贮期,还改进了产品的品质。假植法贮存结球甘蓝,适用于还未完全包心或包心不够充实的晚熟种。其贮存方法是:在华北地区土壤结冻之前挖一长方形沟,长宽依菜的数量而定,一般每沟可假植 4000 千克甘蓝。采收时应将菜连根拔起,带土在露地堆放 $2 \sim 3$ 天,使外叶水分降低一些,在叶片开始有点萎蔫时假植。在沟内将甘蓝一棵紧靠一棵地栽好,然后向沟内灌水,灌水量以水能渗入土层 0.1 厘米为度,再在植株顶上覆盖甘蓝外叶，过 7~8 天覆土，厚度为 10 厘米左右；大雪节气前后第二次覆土，土厚约 12~14 厘米；冬至时进行最后一次覆土，土厚约 5~6 厘米。3 次共覆土 25 厘米。覆土时要力求均匀。盖得太厚，菜会发热引起腐烂，盖得太薄，菜又会受冻。采用这种方法大约可贮存 3 个月以上，能将晚熟秋甘蓝贮存到春节上市。

（四）控温贮藏法（机械冷藏）

在冷藏库中凭借机械制冷系统的作用，将库内的热量传送到库外，使库内的温度降低并控制在适宜的水平，从而延长结球甘蓝的贮藏寿命。其优点是不受外界的影响，可以终年维持冷库内所需要的低温；冷库内的温度、相对湿度以及空气的流通都可以控制调节，以适于产品的贮藏。其缺点是费用较高。使用控温贮藏法，可将 6 月份大量上市的春甘蓝贮存到八九月淡季时供应市场。具体做法是：将贮存库温度保持在 0~4℃，将采收的结球甘蓝用 2.4-D 蘸根，晾干后装入筐内，经预冷后在库房内码成通风垛，可将甘蓝贮存两个月以上，其脱水及帮叶损耗仅占 15%。

（五）气调贮藏法

气调贮藏的操作管理主要是封闭和调气两部分。调气是创造并维持产品所要求的气体组成，封闭是杜绝外界空气对所要求的气体环境的干扰破坏。气调贮藏的缺点是贮藏库的建筑和设备复杂，成本高。随着气调技术应用研究的发展，已逐步建立了一套适合我国国情的果蔬气调贮藏方法——塑料薄膜气调贮藏法。该方法可在常温贮存窖或库内进行，用塑料薄膜做成罩子或袋子，将果蔬密闭在其中，用工业普通氮气或石油液化气燃烧制成的氮气来降低密闭容器内的氧气含量，并在罩内放消石灰吸收二氧化碳；用抽气泵或低压风机排换容器里的气体，每天用气体分析仪测定容器内的氧和二氧化碳含量，将其调至所要求的指标范围。这样就大大降低了成本。结球甘蓝气调贮藏一般温度 2~18℃，氧气浓度 2%~5%，二氧化碳 0~3% 比较适宜，在此条件下可贮存 3~4 个月。

第三章

抱子甘蓝设施栽培

抱子甘蓝，别名芽甘蓝、子持甘蓝、球芽甘蓝、抱子高丽菜，十字花科芸薹属甘蓝种二年生草本植物，为甘蓝种中腋芽能形成小叶球的变种。

抱子甘蓝在国际市场尤其是日本市场上倍受青睐，成为热门蔬菜，价格昂贵，经济效益高。近年来引入中国，在北京、广州、云南等地已有种植，面积并不大，主要是供应大型饭店和宾馆，百姓的餐桌上还不多见。随着许多新特蔬菜的开发，抱子甘蓝在中国的生产及市场是很有潜力的。同时，抱子甘蓝不仅可作为蔬菜生产，也可盆栽，作观赏蔬菜应用。

抱子甘蓝素有抗癌"四剑客"之称，其含有萝卜硫素和氮苷，据称可以防止正常细胞吸入致癌物质，从而具有抗癌、保健作用，是一种营养丰富、对人体有保健功能的珍贵特色蔬菜。

第一节　抱子甘蓝的生物学特性

一、植物学性状

（一）根

抱子甘蓝属二年生蔬菜作物，圆锥根系，主根基部肥大，尖端向地下生长。主根颈部分生出许多侧根，在主、侧根上常发生很多须根。整个根系入土不深，主要分布在深30厘米、宽80厘米的土层中（在生长旺盛、土层深厚时，可深达60厘米），因此，抗干旱能力不强。抱子甘蓝断根后再生能力很强，移栽后发育良好，容易发生不定根。可用腋芽扦插法繁殖。

（二）茎

抱子甘蓝的茎分为主茎、短缩茎和花茎 3 种。主茎由上胚轴向上发展形成，叶片和腋芽着生在主茎上。不同品种节间长短有很大区别，一般早熟品种节间比晚熟品种短，所以早熟品种植株不高。短缩茎是叶球中着生球叶的茎，有内外之分。外着生叶的茎称为短缩茎，叶球内着生的茎称为内短缩茎，即叶球中心柱。一般内缩茎越短叶球越紧密，品质也较好。通过阶段发育后，进入生殖生长阶段，此时抽出的薹称为花茎。花茎可分枝生叶，形成花序。品种分高、矮两种类型。矮生种茎高 50 厘米左右，较早熟；高者茎 100 厘米以上，可按叶球大小分为大抱子甘蓝和小抱子甘蓝。大抱子甘蓝小叶球直径大于 4 厘米，小抱子甘蓝直径小于 4 厘米，品质较好。

（三）叶

抱子甘蓝的外叶宽大，光滑无毛，蒸腾量大，所以对土壤水分和空气湿度要求高。叶面具有白色蜡粉，可减少蒸腾。这也是在干旱条件下形成的一种适应性，环境越干燥，叶表皮细胞分泌白色蜡粉越多。不同品种的蜡粉厚度不一。抱子甘蓝的叶片形态依其生长发育时期和品种类型不同而异。大多数抱子甘蓝品种的子叶呈肾形对生，基生叶即第一对真叶和子叶垂直，无叶翅，随后着生的幼苗叶和基生叶相同，有明显的叶柄，幼苗叶互生。基生叶也叫外叶，其叶柄粗长，叶面硕大，一般呈椭圆形，叶面微皱，生长旺盛，着生在主茎上，成熟的外叶一般 60～90 片。外叶的叶形、光滑度、蜡粉厚度等均因品种而异。腋芽形成的叶为球叶，组成叶球，球叶中肋间内弯曲，基本无叶柄，着生于内短缩茎上。叶球形状也因品种而异，有圆球形、椭圆形。花茎上的叶称为茎生叶，互生，叶片较小，先端尖，基部阔，无叶柄或叶柄很短。

（四）花

抱子甘蓝种株抽薹开花后形成复总状花序，在中央主花茎上的叶腋间可发生一级分枝，在一级分枝的叶腋间又可发生二级分枝，若养分充足、管理条件好，还可发生三级、四级分枝。每个腋芽也能形成一个复总状花序，但由于养分不充足，一般只有少数的腋芽能形成花序。

抱子甘蓝的一级分枝有 30 个左右，二级分枝约 50 个，二级分枝分布在一级分枝上。种株高度依品种类型不同而异，早熟品种通常在 1.5 米左右，晚熟品种通常在 2 米左右。栽培方式不同、定植时间不同、肥水条件、种株越冬期间的大小等，均对种株高度和分枝能力有较大影响。

在正常栽培条件下，种株高度、分枝能力及各分枝长势与品种类型密切相关，形成两种典型的株态。一种是塔形，其主茎生长势旺盛，抽薹初期往往只有一根主茎，逐渐发生一级侧枝，分枝数较少；另一种是扫帚形，其主茎生长较慢，而基部一级侧枝长势很强，由主茎基部向上侧枝长势逐渐减弱。还有一些品种介于上述两种株态之间。

抱子甘蓝种株的每一个花序上的花数，一般 40～50 朵，多者可达 100 朵以上。每棵种株可着生约 1400 朵花，健壮的种株达 3000 朵花以上，花朵主要分布在一级、二级侧枝和主枝上。90％以上的花在盛花期开放。

抱子甘蓝一般主薹先开花，随后由上至下一级侧枝开放，然后是二、三、四级侧枝顺序开放。在同一花序上，均从下向上陆续开放。一般在同一天内，每花序上能开 2～5 朵花，在温度较高的晴天，可开 4～5 天。整株植株的花期依品种而异，一般在 30～40 天。一般来说，在同样栽培管理条件下，晚熟品种开花期要比早熟品种早 7 天。抱子甘蓝的花期一般 30～50 天。

抱子甘蓝花的发育过程可分为 6 个时期，即显蕾期、幼蕾期、成蕾期、黄蕾期、开花期、闭花期，前 5 个时期分别需要 2 天、3～4 天、3～4 天、2 天、2～3 天。花发育成熟后，一般在下午 4 时左右开始开放，次日上午 10～11 时完全开放。品种类型不同，其花的发育进程也不同，外界环境条件包括温度、光照、水分、肥力等因素，均会影响花的发育。

抱子甘蓝的花为典型的完全花，包括花萼、花瓣、雌蕊及雄蕊。4 枚绿色萼片在花最外轮，4 枚黄色或淡黄色花瓣排成十字形。6 枚雄蕊，4 枚较长，2 枚较短，每枚雄蕊顶端着生花药，成熟后自然开裂，散出花粉，雄蕊基部有 4 个蜜腺。雌蕊在花的中央，由 2 个心皮构成子房，合生，中间有一假隔膜，将子房分为两室，侧膜胎座。雌蕊成熟后为长角果。

抱子甘蓝的雄蕊在开花前已经成熟，花后 4 天仍有生活力，花粉生活力以开放当天的最强。雌蕊的柱头在成蕾期（花前 6 天）和闭花初期（花后 2 天）都可接受花粉而受精，但以开花当天的生命力最旺。

抱子甘蓝属于典型的异花授粉作物，自交往往不实。在自然条件下，植株通过昆虫授粉。在适宜温度条件下，当天开裂的花粉落到当天开花的柱头上 2～4 小时，花粉管开始萌发，6～8 小时花粉管穿过花柱组织。全部受精需 36～48 小时。

（五）果实和种子

抱子甘蓝从受精到种子成熟需 50 天左右，品种类型不同、温度条件不同所需时间亦有差异。温度高，角果成熟时间短一些，温度低，则长一些。种株的有效荚数也因品种而异。有些品种角果数较少，称为少果型，有效果数 600～800 个，在果枝上角果间距大，角果粗而短，单果种子数少，一般 7 粒左右，种子千粒重较大，约 4～5 克，单株产量低；有些品种有效角果数多，在 1 300～1 500 个，角果间距小，角果细长，单果种子粒数多，一般为 15～20 粒，千粒重较小，为 3.5 克左右，单株种子产量较高；还有些品种介于上述两者之间。

种株角果量的分布，也因品种类型不同而异。塔形种株，有效角果在一级侧枝上占 65% 左右，二级侧枝上占 30% 左右，主枝仅占 30%；扫帚形种株，一、二级侧枝上各占近 50%，主枝上分布几乎为零。无论哪种种株、形成或哪级侧枝，均以中下部花的坐果率高，结籽量多。

抱子甘蓝的果实为长角荚，圆柱形，表面光滑略似念珠状，成熟时细胞壁增厚硬化，种子排列在隔膜两侧。每株一般有有效荚角 600～1500 个。在一个植株上，大部分有效荚角集中在一级分枝上，其次是二级分枝和主枝。每个荚角有 5～30 粒种子。种子为红褐色或黑褐色，千粒重 2.5～4.5 克，一株生长良好的种株可收种子 10～50 克。每亩产种一般 50～100 千克。

种子成熟一般需要 40 天左右，在 6 月下旬收获种子。5 月中旬以后开的花，即使受精也往往不能形成完全成熟的种子，即使形成少量种子，其发芽率也很低。

抱子甘蓝种子宜在低温干燥条件下保存。充分成熟的种子在潮湿的南方一般只可保存 1～2 年，但在低温、干燥的密封罐内保存 8～10 年的种子仍有相当高的发芽率。

二、生长发育及对环境条件的要求

(一)生长与发育

抱子甘蓝是二年生植物，在适宜的气候条件下，于第一年长出根、茎、叶等营养器官，在叶球及短缩茎中贮藏大量的同化产物，经过冬季低温完成春化阶段，至翌春在长日照条件下通过长日照阶段，随即形成生殖器官而开花结实，完成从播种到收获种子的生长发育过程。这个过程可分为营养生长期和生殖生长期。

1. 营养生长期

(1) 发芽期 从播种到第一对茎生真叶展开，与子叶垂直形成十字形时为发芽期。不同季节发芽期长短不一，夏、秋季节温度较高，需 15～25 天，冬、春季节需 20～40 天。从种子发芽到长出子叶主要靠种子自身贮藏的养分。因此饱满的种子和整理精细的苗床是保证出好苗的主要条件。

(2) 幼苗期 从第一片真叶展开到第二叶环形成，约需生长

5～8 片叶，达到团棵时为幼苗期。不同季节育苗，幼苗期有长有短。一般冬、春季需 30～60 天，夏、秋季需 20～30 天，秋、冬季需 120～160 天。为培育壮苗，要改善育苗条件，因地制宜搞好水肥管理，防止幼苗徒长。

（3）结球期　从第二叶环出现到结球坚实收获，为结球期。结球期依品种不同，一般需 40～120 天。此期叶片和根系的生长速度快，要适当控制肥水、及时中耕，促使根系向纵深发展，以利于形成强壮的同化和吸收器官，为形成硕大而紧实的叶球打下基础。

2. 生殖生长期

（1）休眠期　温度低于 5℃后，抱子甘蓝种株进入休眠期。可以利用休眠期进行活体贮存，延长货架期。抱子甘蓝在长江流域可露地越冬，此时期要掌握好露地安全越冬和贮藏种株的管理，这对采种至关重要。

（2）抽薹期　从种株定植到花茎长出为抽薹期，需 25～40 天。

（3）开花期　从始花到终花为开花期。依品种的不同，花期长短不一，群体花期为 25～50 天。

（4）结荚期　从谢花到荚角成熟为结荚期，为 30～45 天。

3. 发育　抱子甘蓝是绿体春化作物，需要在长到一定大小的幼苗以后，才能接受低温感应而完成春化阶段发育。抱子甘蓝属长日照作物，但光照时间长短对花芽分化没有影响。

（二）对环境条件的要求

1. 对温度、水分、光照的要求

（1）温度　抱子甘蓝喜冷凉的气候，耐寒力很强，在气温下降至 −3～−4℃时也不致受冻害，能短时耐 −13℃或更低的温度。抱子甘蓝耐热性较结球甘蓝弱，其生长适温为 18～22℃，小叶球形成期最适温为白天 15～22℃，夜间 9～10℃，以昼夜温差 10～15℃的季节或地区生长最好。种子在 2～3℃的温度下开始发芽，但最适发芽温度为 18～20℃，幼苗期能耐−1～−5℃的低温和 35～40℃的高温，生长适温为 7～25℃，以 15～25℃为最适生长温度。结球以 5～15℃为最适温度，抽薹、开花、结实期需要较高的温度，10℃以下的低温影响正常结实，遇到−1～3℃的低温，花薹会遭受冻害。温度超过 30℃，也会影响开花、受精。

（2）水分　抱子甘蓝根系分布较浅，一般只分布在深 30 厘米、宽 80 厘米的土层中，且外叶大，水分蒸发量多，因此，要求在湿润的栽培条件下生长，一般在 80%～90% 的空气相对湿度和 70%～80% 的土壤湿度下生长良好。各个生育阶段都要注意水分的适量供给。幼苗期应保持适当的湿度，如降水过多、湿度过大，易导致根际腐烂而使植株枯死；空气过于干燥，幼苗长时间处于干旱状态，会导致幼苗萎缩、衰弱，甚至枯死。茎叶生长期要求较高的土壤和空气湿度。在叶球形成期，要求空气干燥，空气湿度稍低对生长发育影响不大，若土壤水分不足，则严重影响结球，降低产量。抱子甘蓝不耐涝，如果雨水过多、土壤排水不良，往往使根系泡水受渍而死。因此，栽培中排、灌措施要配套，做到旱能灌、涝能排，才能达到高产稳产的目的。

（3）光照　抱子甘蓝属长日照植物，对光照适应力强，光饱和点低，但小叶球的形成要求冷凉气候、阳光充足和较短日照。光照充足时植株生长旺盛，小芽球坚实而大。在芽球形成期如遇高温和强光，则不利于芽球形成。在光照充足、土质好、肥水足的条件下，无论是种子产量或商品菜产量均较高。

2. 对土壤、肥料的要求

（1）土壤　抱子甘蓝适于沙壤土或黏壤土栽培，要求土壤适宜酸碱度为 pH6.0～6.8。在酸性土壤下，有利于抱子甘蓝植株生长。如土壤过于沙化，不利于形成充实的叶球。因此，抱子甘蓝宜种植在土层深厚、肥沃疏松、富含有机质、保水保肥的壤土或沙壤土上。抱子甘蓝生长过程中不可缺少氮、磷、钾，尤对氮肥的需要量较多，适宜 pH5.5～6.8。

（2）肥料　抱子甘蓝为喜肥、耐肥作物。由根吸收土壤中的水分和氮、磷、钾等输送到叶中，叶片一面进行光合作用，一面在酶的作用下把这些养分有机态化，形成根、茎、叶，促进生长，完成结球。因生育期长，植株高大，故应施足基肥。苗期和小芽球形成前需要较多的氮，并要求和磷、钾肥配合使用；进入结球期则要求较多的磷、钾肥和钙的供应。总体而论，氮肥对增产起决定作用，硝态氮的肥效优于铵态氮。在氮肥充足、磷钾肥配合好的情况下，净菜率、产量高。整个生长期吸收氮、磷、钾的比例为 3∶1∶3。

第二节　抱子甘蓝品种类型和新品种简介

一、抱子甘蓝的类型

抱子甘蓝依植株高度不同可分为高、矮两种类型。矮生种茎高 50 厘米左右，较早熟；高生种茎高 100 厘米以上，一般较晚熟。依叶球大小分为大抱子甘蓝和小抱子甘蓝。大抱子甘蓝小叶球直径大于 4 厘米，产量高，但品质较差；小抱子甘蓝直径小于 4 厘米，品质较好。依从定植至采收时间的长短分为早熟、中熟和晚熟品种。早熟品种定植后 90～110 天收获；中晚熟品种定植后 110～115 天采收；晚熟品种需 120～150 天。每株可采收小叶球 40 个以上，重约 1～1.5 千克。

二、优良抱子甘蓝品种简介

1. 绿宝　江苏省农业科学院蔬菜研究所育成。早熟，从定植至收获约 90 天。株型直立，株高 60 厘米，株幅 65 厘米，外叶翠绿，平展，蜡粉中，叶球圆整，结球紧实、整齐，单株结球 70 个以上，单球重 10～15 克，心叶黄，质地脆嫩。该品种耐低温性好，在低温条件下结球好，球型整齐，且抽薹晚，采收期长，可延后采收。

2. 绿珠1号　上海市动植物引种中心育成。中早熟，全生育期100天。株型直立，株高70厘米，株幅45厘米，外叶翠绿，平展，蜡粉中，小叶球圆整，结球紧实、整齐，单株结球80个以上，单球重10～15克，心叶乳黄，质地脆嫩。该品种耐低温性好，在低温条件下结球好，球型整齐，且抽薹晚，采收期长，可延后采收。

3. 湘优绿宝石　隆平高科湘研蔬菜分公司选育而成。植株生长势中等，株高约55厘米，开展度45厘米，莲座叶长17厘米、宽15厘米，叶柄长11厘米。早中熟，从定植到开始采收90天左右。耐寒，抗病性好，秋冬季一般少有病害发生。小芽球紧实细嫩，叶球长4.2厘米左右，横径约3.2厘米，平均小芽球50个。单个芽球鲜重15克左右，株产约500克。

4. 早生子持　从日本泷井公司引进的杂种一代。耐暑性较强，极早熟，从定植至收获90天，在高温或低温下均能结球良好。植株为高生型，株高1米，生长旺盛，叶绿色，少蜡粉，顶芽能形成叶球。小叶球圆球形，横径约2.5厘米，绿色，整齐、紧实。每株约收芽球90个，且品质优良。

5. 长冈交配早生子持　日本引进的杂种一代早熟种。从定植到收获约100天。植株矮生型，株高42厘米，植株开展，叶浅绿色。芽球圆球形，较小，直径2.5厘米左右。

6. 王子　由美国引进的杂种一代。植株高生型，株形苗条，小叶球多而整齐，可鲜销或速冻。从定植至收获96天，栽培方法与晚熟种结球甘蓝基本一样。不耐高温，在高温的夏季小叶球易松散。

7. 科仑内　从从荷兰引进的杂种一代。中熟。露地直播3月中、下旬播种，9月下旬可采收。育苗则从定植至收获需120～130天。植株中等高。叶片灰绿色，小叶球光滑、整齐，可机械采收。

8. 多拉米克　从荷兰引进的杂种一代种子。中高型，生长茂盛苗壮。芽球光滑易采收，耐贮藏，耐热性较强，适于春、初夏栽培。从定植收获 120～130 天。

9. 京引 1 号　北京市农林科学院从国外引进的优良品种中选育的品种。中熟，从定植到收获需 120 天。矮生型，株高 38 厘米。叶片椭圆形、绿色，叶缘上抱。叶球圆球形，较小，紧实，品质好。

10. 卡普斯他　从丹麦引进的早熟种。从定植至初收约 90 天。矮生型，株高约 40 厘米。叶片绿色，不向上卷。腋芽密，叶球圆球形，中等大小、绿色，质地细嫩，品质好，小叶球可分 2～3 次采收。

11. 斯马谢　由荷兰引进的杂种一代。晚熟种，生长期长，从定植至采收需 130 天。植株中高型。叶球中等大小、深绿色，紧实，整齐，品质好。耐贮藏，经速冻处理后，叶球颜色鲜艳美观。耐寒能力极强，适宜冬季保护地栽培。

12. 温安迪巴　由英国引进的杂种一代。中晚熟，从定植至收获 130 天左右。矮生型，株高约 40 厘米，植株生长整齐，叶片灰绿色。叶球圆球形，绿色，品质较好。

13. 探险者　从荷兰引进的晚熟种。定植后需 150 天收获。植株中高至高型，生长粗壮。叶片绿色，有蜡粉，单株结球多，叶球圆球形、光滑紧实、绿色，品质极佳。耐寒性很强，适宜早春、晚秋露地栽培或冬季保护地栽培。

14. 摇篮者　由荷兰引进的杂种一代。中熟种，从定植到初收 110 天。高生型。茎叶灰绿色，小叶球圆球形、紧实、绿色，品质优良，单株结球较多。成熟期整齐一致，适于机械化一次性收获。

15. 增田子持　由日本引进的中熟种。定植后 120 天左右开始采收。植株生长旺盛，节间稍长，高生种，株高 100 厘米左右。叶球中等大小，直径 3 厘米左右。不耐高温，7 月上旬播种，12 月上旬开始采收。

16. 佐伊思　从法国引进的中熟种。从定植至初收 110 多天。植株中生型，株高 46 厘米，生长整齐。叶扁圆形、绿色、平展。单株叶球较多、圆球形、紧实、绿色、品质好。

17. 绿橄榄（Oliver）　荷兰诺华公司选育而成。早熟，定植后 100～120 天能成熟，耐寒性强，产量高，品质好，适合春、秋保护地种植。

18. 富兰克林　荷兰 bejo 公司最新育成的杂交种。适宜在长江流域推广种植。早熟，植株高度中等，耐寒性强，株高 100 厘米左右，生长势旺盛，叶绿色，蜡粉少，自立性强。芽球呈圆形，横径 2.5 厘米，绿色，坐果整齐，芽球紧实，光滑。每株可采收芽球 60 个左右，单个芽球质量 15～20 克，单株产量约 600 克。在低温下结球良好，生长期较长，定植后 120 天可开始采收。每株可采收芽球 60 个左右，平均亩产量 1 200～1 500 千克。

第三节　抱子甘蓝栽培技术

一、苗床设置

栽培抱子甘蓝的苗床有露地、阳畦、荫棚、小拱棚、大棚及温室几种类型。根据栽培目的、要求和品种特性，合理安排播种期。苗床要求土壤肥沃，排水便利，前茬为非十字花科蔬菜作物。在前茬收获后及时清除杂草，深翻晒垡。利用冬季寒冷冻垡，夏季高温炕晒土壤，在土壤湿度适中时及时耙碎耙平，再开沟作畦。播前一周每亩施入适量腐熟有机肥，再耕翻浅耙，使土壤疏松，土肥融合，结构良好。高畦宽 1.5 米，长不超过 20 米。

二、播　　种

根据当地气候条件、栽培品种的特性以及预计的采收期，合理地安排播种期。

根据各地区的习惯，采用苗床播种的，可撒播、条播或点播。条播，可按行距 7 厘米开沟，按每克种子 4 行均匀播种。撒播以 3 克/米^2，点播每 5 厘米^2 营养土块播 2～3 粒种子为宜。播后均匀覆盖一层细土，浇水以土壤湿润而不板结为度。一般 4 天即可齐苗。根据栽培季节，一般苗龄 40 天左右，幼苗 5～6 片真叶时定植。早春气温低时苗龄会延长。抱子甘蓝种株千粒重 3 克左右，一般亩用种量 10～15 克，每亩定植 2 000 株左右。

有条件的最好采用穴盘育苗或营养钵育苗，精量播种，一次成苗。春季用 72 孔穴盘，夏秋季可用 128 孔穴盘。基质用草炭 1 份加蛭石 1 份或草炭、蛭石、废菇料各 1 份，覆盖料一律用蛭石，每立方米基质加入 1.2 千克尿素和 1.2 千克磷酸二氢钾，肥料与基质混拌均匀后备用。若用 128 孔苗盘每亩需用 16 盘，基质 0.06 米^3；用 72 孔苗盘则需 28～29 个，基质 0.14 米^3。

为保证出苗率，播种前需检测发芽率。由于穴盘育苗采用精量播种，种子发芽率应大于 90％以上。每穴放种子 1～2 粒，覆蛭石后约 1 厘米。覆盖完毕后将苗盘喷透水，以水分从穴盘底孔滴出为宜，使基质最大持水量达到 100％以上。出苗后及时查苗补缺。

夏秋季育苗，播种后要用黑色遮阳网在床面直接覆盖，再浇透水，保持湿润。种子开始出苗后及时撤去遮阳网，降温防雨。高温炎热的晴天要日盖晚揭。

三、苗期管理

根据不同的栽培模式和栽培季节，合理采用不同的育苗设施调控幼苗生长，培育壮苗。苗期管理主要是温湿度控制，适温 10～25℃，湿度 60％～90％。最好温度控制在 20～25℃，湿度 60％～85％。冬春季要防低温，夏季育苗要防高温。齐苗后注意放风。

苗床应注意适量浇水，防止因床土湿度过大引起病害和幼苗徒长，或床土过干形成僵苗。一般初出土苗每天浇一次水，以后隔1～2天一次，以土壤湿润、土表略干为宜。当小苗有3～4片真叶时，结合喷水进行1～2次叶面喷肥，此时叶面喷肥一般用5％的磷酸二氢钾，浅松土1～2次，促进根系发育，同时间苗。间苗的原则是留壮苗，除去密苗、弱苗和劣苗，以5厘米^{2}一株为宜，使幼苗整齐度一致，生长一致，定植后便于管理，为高产、优质生产提供条件。

除了控制肥水条件，最好采取假植的方法抑制幼苗生长，培育壮苗。假植使幼苗根系受到破坏，需要经过相当的时间才能恢复，地上部的生长受到根系的制约，所以叶的生长也相应的受到影响，生长缓慢，苗龄延长，幼苗更健壮。同时，在假植时，对幼苗进行严格选择，使幼苗整齐度一致、生长一致，定植后便于管理，为高产、优质奠定基础提供条件。

在间苗或假植后，根据苗的大小决定是控制肥水蹲苗还是施肥水促小苗。但在定植前半个月要蹲苗，促使根系生长，使地上部分和地下部分比例平衡。

四、定　　植

抱子甘蓝生长期长，植株高大，种植的田块要早耕、深耕、晒垡，施入充足的有机肥。每亩施入腐熟有机肥3 000～5 000千克、复合肥50千克。耕耙整平后作畦，畦的形式要根据土质、季节、品种等情况而定。如地势高、排灌方便的沙壤土地区，可开浅沟或平畦栽培；如果土质黏重、地下水位高、易积水或雨水多的地区，则作高畦或跑水的平畦。

早熟品种可作1.2米宽的畦，种双行，株距50厘米，亩植2 000株。高生种每畦种1行，亩栽1 200株，早期行间可间套作短期蔬菜，如樱桃萝卜、油菜等。

用穴盘或营养土方培育的苗，伤根少或不伤根，定植后成活率可达 100%。如果是用苗床育苗，定植前一天要把苗地浇透水，次日带上土坨起苗，起苗后当天定植完毕。北京地区春季露地栽培，要用粗壮大苗，覆盖地膜后按株距打孔栽种或栽植后浇足定根水，然后用竹片架设小拱棚保湿。这样能早缓苗，植株生长快，在夏季高温之前已结成小叶球，减少叶球松散率。夏秋季栽培，要求在阴天或晴天的下午 3 时以后定植。定植前半小时把苗地浇透水，带土坨起苗，起苗后当天定植完毕，定植要求深度适中，高脚苗可斜着栽，以真叶露在地面为宜，压土不能太紧。栽植后，浇足定根水。可用竹片架设荫棚降温保湿，促早缓苗。

五、田间管理

1. 水肥管理　幼苗定植后要经常浇灌水，尤其是秋茬栽培，正是炎热高温季节，水分管理更显得重要。灌溉可以改良田间小气候，能起降温作用，减少蚜虫及病毒病发生。定植后 4～5 天，结合浇水，点施提苗肥，每亩用尿素约 5 千克，以促苗快长。第二次追肥可在定植后 1 个月左右，以后在小芽球膨大期以及小叶球始收期分别再追肥一次，每次每亩用尿素 10～15 千克，或用经腐熟稀释的农家肥追施。植株生长中期，水分管理以见干见湿为原则。当下部小叶球开始形成时，又要经常灌溉，使土壤保持充分的水分。雨天要及时排水。

2. 中耕松土、除草　每次灌水施肥后要进行中耕松土、除草，并结合中耕进行培土，防止植株倒伏。

3. 整枝　当植株茎秆中部形成小叶球时，将下部老叶、黄叶摘去，以利于通风透光，促进小叶球发育，也便于将来小叶球采收。随着下部芽球逐渐膨大，还需将芽球旁边的叶片从叶柄基部摘掉，因叶柄会挤压芽球，使之变形变扁。在气温较高时，植株下部的腋芽不能形成小叶球，或已变成松散的叶球，应及早摘除，以免消耗养分或成为蚜虫藏身之处。同时，要根据具体情况到一定时候摘去顶芽，以减少养分消耗，使下部芽球生长充实。一般矮生品种不需摘顶芽。摘芽时间视需要而定。北京地区秋栽抱子甘蓝，10月中下旬始收后，气温已逐渐下降，冬前需移植保护地假植，使之继续生长，陆续收获，可不在露地打顶，以便多生叶、结更多的小叶球，增加产量。

六、病虫害防治

抱子甘蓝主要病害有黑腐病、根朽病、菌核病、霜霉病、软腐病、黑斑病和立枯病等。要进行综合防治，如选用抗病品种，从无病植株采种，避免与十字花科蔬菜连作，适期播种，发现病苗及时拔除并结合药剂防治。防治病害的农药有代森锌、百菌清、波尔多液等杀菌剂。在华北，9月份是黑腐病容易发生的时期，幼苗染病后子叶和心叶变黑且枯萎，成株叶片多发生于叶缘部位，呈V字形黄褐色病斑，病斑边缘淡黄色，严重时叶缘多处受害至全叶枯死。在高温高湿的环境下，宜每隔7~10天喷药一次预防。

抱子甘蓝虫害主要有菜粉蝶、菜蛾、菜蚜、甘蓝夜蛾、菜螟虫等。特别要注意蚜虫的危害，发现后要及早治，因蚜虫侵入小叶球后难以清洗，严重影响产品质量和产量，并传播病毒病。

七、采　　收

1. 采收标准　抱子甘蓝应适时采收，采收过晚，叶球易开裂，质地变粗硬，失去风味，导致商品性变劣；采收过早，叶球不紧实。一般早熟种定植后90天、中熟种定植后120天左右、晚熟种定植后120天以上就能采收。此时，一般小叶球长到4厘米高，直径2~2.5厘米，叶球抱合紧实，球色浓绿。优质产品市场销售的标准一般是叶球直径2.5~3.5厘米，单球重10~15克。

2. 采收方法 当小芽球抱合达到相当坚实时即可采收。采收的方法是用刀沿着茎，将小叶球割下。品质好的抱子甘蓝应该是颜色亮绿、结球紧实。由于抱子甘蓝在生长过程中沿着茎自下而上逐渐形成小叶球，所以总是下部的叶球先成熟，故采收也应从下部开始依次向上陆续多次采收。由于品种不同、播种期不同和管理上的差异，采收期也不同。早熟品种采收应自下而上顺序进行，适时采收，以促进植株生长。中晚熟品种可以视结球紧实度，上下一起有选择地采收。秋季栽培时，最初所生叶球因气温尚高，常卷抱不紧而开裂，宜及早采收，不要留在植株上，否则会影响以后所生叶球紧实。越冬栽培的，采收期长达 2~3 个月，以春节前采收为效益最高的时期，春节过后，价格日益下降，因此应尽量在此期大量采收。

抱子甘蓝产量因品种、栽培方式和栽培技术不同而异。高产种及栽培管理得法的，每亩产量达到 500~700 千克；低产的或栽培管理不得法的，每亩产量只有 150 千克。一般每株可收40~100 多个小球，单球重 10~15 克。每公顷产量 15 000~18 000 千克。

八、贮藏保鲜

抱子甘蓝的生长期长，采收期较为集中，为了能长时间供应市场，除了采用在不同的生产区域和保护地栽培实现四季栽培外，主要利用贮藏保鲜、加工技术，把上市量大、生产成本较低的露地甘蓝贮存起来，在淡季上市。

由于抱子甘蓝在高温时期易腐烂，采收后要尽快预冷（0℃），然后分级包装上市。在 0℃左右、湿度 95%~98%条件下，可贮藏 6~8 周。也可将采收的小叶球用打了小孔的保鲜膜包装，每 0.5~1 千克装一袋，外用纸箱盛装放于 0.95%~100%相对湿度下，可贮存 2 个月。经速冻处理后可冷藏 1 年，仍能保持新鲜的品质。

第四节　抱子甘蓝设施栽培技术

一、秋大棚高效栽培

秋季大棚栽培抱子甘蓝，通常于 7 月下旬至 8 月上旬播种育苗，8 月下旬至 9 月上旬定植，11 月底以后采收。

(一)品种选择

秋季大棚种植抱子甘蓝，宜选择适应性广、耐寒、抗病、芽球整齐、紧实、采期长的极早熟品种。如早生子持（日本）、OLIVER（荷兰）。

(二)培育壮苗

1. 播种　7 月下旬至 8 月上旬育苗。苗床选择地势平坦、开沟排灌方便的肥沃地块，每亩栽培田需苗床 15～20 米^2。每平方米苗床施入优质土杂肥或充分腐熟人畜粪 8～10 千克，普施后深翻 30 厘米，然后平整，作 1.4 米平畦。结合整地筛出 100 千克细土，掺入多菌灵 50 克和敌百虫可湿性粉剂 40 克，拌匀成药土备用。

抱子甘蓝多采用干籽撒播，每亩栽培田用种 25 克，播时先浇苗畦，水渗后撒药土 0.5 厘米厚，然后分次撒种，最后覆药土 0.5 厘米厚，使种子上、下都有药土，能有效预防苗期病虫害。

2. 苗期管理　此期育苗正处于炎热多雨季节，播种后立即在苗床上加盖遮阳设施，并在苗畦四周挖排水沟。通常在苗床上搭小拱棚，上覆盖黑色遮阳网，白天苗床温度保持在 20～25℃，3～5 天齐苗后，温度可适当提高。温度的控制主要通过浇水、遮阳来进行。幼苗心叶出现后，及时疏苗促使根系发育，同时培土；幼苗 3～4 片真叶时分苗。分苗床与播种苗床相同，按 10 厘米 10 厘米株行距假植。分苗后用双层遮阳网遮光 2～3 天，缓苗后换单层遮阳网。如中间不分苗，可在 2 叶 1 心时间苗，苗距 4～6 厘米见方。苗期预防蚜虫、菜青虫和猝倒病。

（三）适时定植

播种后 30～35 天，幼苗真叶 5～6 片，即可定植。由于抱子甘蓝生长期较长，需肥量大，定植前一周做好大棚施肥、整地工作。栽培田亩施长效腐熟有机肥 3 000～4 000 千克、复合肥 50 千克、二铵 30 千克，普施后深翻，耙细整平，按 1.2 米宽作南北畦。定植前一天苗床要浇透水，按株行距 50 厘米×60 厘米定植，亩植苗 2 200 株左右。

（四）大棚管理

1. 水肥管理 定植后及时浇水，3 天后再浇一次缓苗水。缓苗 7 天左右浅中耕一次，控水 4～5 天，促使扎根。以后保持田间土壤湿润，发棵期到芽球膨大期，逐渐加大浇水次数。进入叶球采收期，外界温度较低，15～20 天浇水一次。

抱子甘蓝整个生长期要追肥 4 次以上：定植后 7 天施提苗肥，亩施尿素 5 千克；定植后 20 天施发棵肥，促进植株营养生长，以后期芽球膨大打好基础；植株进入芽球膨大期追第 3 次肥；后期每采 2～3 次追肥一次，第 2 次以后每次追肥量为尿素 15 千克。从定植缓苗到莲座期要中耕 3～4 次，结合中耕进行植株根部培土，防止植株倒伏。

2. 温度管理 植株生长前期宜保持较高温度，白天 22～27℃，夜间 13～15℃；11 月上旬温度降至 5℃时扣棚膜，白天棚内温度 16～20℃，在间 10℃左右，不低于 5℃；叶球形成期白天温度 13～16℃，夜间 7～10℃。扣棚后减少浇水次数，棚内相对湿度要小于 90％。

3. 植株调整 株高 40 厘米时，用 50～80 厘米高竹竿插直立架，上部用绳扎好，预防倒伏。对于基部结球不良的腋芽及病叶要早摘除，减少养分消耗，利于通风透光。当叶球发育肥大时，叶柄会压迫叶球，应在叶球膨大初期自下而上分次逐渐打老叶。打老叶的同时摘除顶心，有利于营养向下转移，促进叶球膨大，提高芽球的数量和质量。

4. 病虫害防治　抱子甘蓝抗病性强，病虫害较少发生。但大棚湿度大于 90％或管理粗放时，病虫害仍很严重。主要病害是黑根病、霜霉病、黑腐病和菌核病，虫害主要是菜青虫、小菜蛾、蚜虫、红蜘蛛等。具体的防治方法见结球甘蓝病虫害防治部分。

（五）及时采收

11 月下旬（定植后 85 天）抱子甘蓝叶球充分膨大、紧实，即可采收。也可在植株上延迟采收，以获得最佳效益。

二、秋延越冬栽培

秋延越冬栽培在夏秋季育苗，定植或移栽在保护设施内，于东京覆盖保温材料，深冬采收上市。栽培设施可大棚、日光温室、智能温室等。由于上市期时值寒冬最大的蔬菜供应淡季，又是元旦、春节购买高潮时期，因而经济效益很高。

（一）品种选择

采用越冬栽培技术进行抱子甘蓝的栽培，一般选择优质、晚熟品种。

（二）栽培技术

播种、育苗及前期的栽培管理同秋季栽培。早霜来临前10～20 天扣上塑料薄膜。

（三）棚室管理

越冬栽培管理的关键是温度调节。定植后，外界温度较高，白天日光温室内温度较高，应及时通风降温，保持 20～25℃。夜间加强覆盖，夜间及时覆盖。深冬外界寒冷，应早盖晚揭草苫，不通风，尽量保持温室内的温度。此前温度管理的关键是防止低温造成冻冷害。

（四）采收

由于冬季温度较低，叶球紧实后可在植株上延迟采收，以获得最佳效益。

三、日光温室栽培

（一）品种选择

越冬栽培应选择抗逆性强，不易松球、优质、晚熟的品种。

（二）育苗

1. 播种 东北地区温室育苗在 10 月中旬到 11 月下旬播种。栽培 1 亩地，需要育苗床 8～12 米^2，播种量 20～25 克。营养土的配制各地不尽一致，原则是选用 3 年以上没种过十字花科作物的园田土壤和无十字花科病残体的厩肥。配制后的营养土要具有高度的持水性和良好的通透性。一般采用有机质堆肥 1/3、肥沃园土 2/3；或腐熟马粪 1/3、草炭土 1/3、肥沃园土 1/3。配制后每立方米加硫酸铵 250 克、过磷酸钙 500 克、硫酸钾 250 克，搅拌均匀。

采用高床播种，畦宽 1～1.2 米，长 5～6 米，畦高 14～15 厘米，铺营养土 8～9 厘米厚。种前浇足底水，水渗后种子均匀撒播，覆营养土 0.7～1 厘米。播后温度管理：白天 20～25℃，夜间 13～15℃，幼苗出土后，降低温度，防止徒长，一般白天控制在 18～22℃，夜间保持在 10～12℃。

2. 移苗 当幼苗长出 2～3 片真叶时要及时分苗，移苗床做法与育苗基本相同，铺营养土厚 12～14 厘米。移苗时间选择晴天上午。苗株行距 8 厘米 8 厘米或 10 厘米 10 厘米，开沟深 4～5厘米，植株根部培少量土压实，沟中浇小水，水渗后培土封沟。

有条件的最后采用营养钵分苗，以保护根系，定植后缓苗快，早熟高产。营养钵装配制好的营养土，每钵栽 1 株苗，栽后立即浇水，水渗透到钵底为止。选用穴盘育苗的更佳，一般可用 128 孔标准穴盘。移苗后要加强温度管理，此时外界温度比较低，注意保温；缓苗前后白天最高温度不超过 28℃，夜间不低于 12℃；缓苗后白天 17～25℃，夜间不低于 8℃。定植前一般不浇水，干旱时喷水，水量不易太大，防止降低土壤温度。

（三）定植

冬季育苗定植时，一般苗龄 50 天左右，植株 6～8 片叶，室内最低气温在 5℃以上，土壤 10 厘米深处温度稳定在 6℃以上，即可定植。整地施肥，每亩撒施腐熟农家肥 4 000～5 000 千克、过磷酸钙 35～40 千克，翻地 20～25 厘米深。作高畦，覆地膜，有利提高地温，降低温室内空气湿度。畦宽 0.9～1 米，畦高 10～12 厘米，畦面宽 75～80 厘米。覆盖地膜时膜要拉紧压实。覆地膜的土壤必须墒情好，否则不可覆膜。

定植每畦栽 2 行，行距 50～70 厘米。株距 30～35 厘米。定植时按株行距大小，在定植位上将地膜挖成十字形孔，揭膜挖穴，浇水栽苗，水渗后培土与膜面相平，然后再压少量土，封严膜孔。定植时间在 12 月下旬至 1 月上旬，此时处于低温时期，要加强保温，缓苗前白天 20～25℃，促进根系活动。缓苗以后，白天 15～22℃，超过 24℃放风，夜间不低于 8℃，温度过低容易引起植株抽薹。2 月中旬以后，外界气温开始升高，室内最高温度不超过 24℃，保持 15～20℃，有利于叶球形成。如温度高，易形成松球。

一般不宜灌水，如发现白天上午 10 时左右叶片开始萎蔫、叶色深绿，可适量灌水；窝心开始，加强肥水管理，一般在结球期灌水 2～3 次，第一次顺水亩追施硫酸铵 25～35 千克，灌水后要注意放风排湿。

（四）日光温室冬季管理

日光温室冬季的管理主要是合理控制光温条件，做好保温工作，避免不良天气所带来的危害。一般可以通过揭盖草帘来控制室内光照、温度，揭盖草帘的时间要随季节和天气的变化而定。初冬，一般早晨 7：30～8：00 揭帘，深冬则可在 9：00 揭帘。

深冬过后，揭帘时间要逐渐提前，晚上盖帘时间要延后，让植物尽可能接受阳光，同时也利于温室蓄热保温。遇阴天但不下雨，仍要及时揭帘，若遇连续阴天，亦应揭帘，使作物接受散射光。此外，冬季日光温室还应做好以下护理工作：经常保持塑料薄膜表面清洁，以增加透光率；及时修塑料薄膜破洞，以防止大风吹开，使蔬菜受冻；及时消灭鼠害。温室内安装电灯或电热线，要注意用电安全。

科学施肥浇水，先施用有机肥、磷肥及腐熟秸秆，然后翻地。按照定植行距开沟，灌水后填平灌水沟，再顺垄间集中施用速效肥料，重新翻地混匀肥料，按不同行距作成高畦。灌水的目的是为了补足下层墒情，防止冬季因浇水不便而影响蔬菜生长。特别是在育苗过程中要防止干旱，及时补足水分。定植水一定要浇透，并追施速效氮肥，也可以根据地力增加钾肥，使定植的秧苗充分利用11月份较好的温度和光照条件生长发育。

（五）收获

温室栽培抱子甘蓝由于室内小气候不同，成熟不尽一致，要分期分批采收。

四、抱子甘蓝高山栽培

（一）高山栽培的特点

高山地区特别是海拔1 000米左右的山区，具有独特的高山气候条件和植物生长的地理环境优势，为高山地区蔬菜生产创造了得天独厚的自然条件。高山地区蔬菜生产具有独特的资源和市场优势。

1. 凉爽气候优势　高山立体气温差异明显，海拔每升高100米，山地垂直温度降低0.5～0.6℃，即海拔600～1 200米的山地，气温比当地平原低3～6℃。据气象局记载：在海拔700～1 000米山区，7～8月平均气温为22～25℃，昼夜温差大；山区降雨量比平原增加50%以上。因此高山气候条件可避开7～8月高温对不耐热蔬菜生长发育的危害，可栽培当时平原难以栽培的蔬菜品种，并为高山蔬菜优质高产栽培提供了良好的自然环境条件。

2. 品质优势 因高山地区昼夜温差大，利于蔬菜作物生长的物质积累，所以高山蔬菜商品性好，营养丰富，可溶性固形物高。另外，高山空气、土壤和水质无污染，太阳光中的紫外线成分高，有利于改善蔬菜的品质。因此，人们把高山蔬菜产品称为"无公害蔬菜"。

3. 市场优势 我国南方7～8月因蔬菜生产茬口交替、夏季高温干旱和台风暴雨等灾害天气的危害，常出现蔬菜供应淡季，品种单调、数量少，发展高山蔬菜生产正是弥补淡季供应的良好时机，可增加蔬菜市场花色品种，丰富市场供应，对夏秋蔬菜淡季供应能起到较大缓解作用。另外，可根据市场需要，在高山建立外向型农业基地、蔬菜加工原料基地、蔬菜花卉种苗基地等。

（二）栽培技术

1. 高山栽培基地的选择 栽培地块的海拔和朝向要根据不同蔬菜品种生物学特性、该地块所处地形和自然环境温度、光照、水、土壤等条件综合分析而定。一般选择在海拔600～800米山地种植抱子甘蓝。栽培地块的朝向，一般选择东坡、东南坡、南坡较好。若是朝西坡，要选择海拔高、灌溉条件好的地块，否则易发生高温、干旱危害。

土壤要选择2～3年以上没有种过十字花科蔬菜品种，土层较深厚，含有机质较多、疏松肥沃、排灌良好的沙质土壤。

2. 播种 不同海拔高度地块播种期也有差异，海拔500～600米的地块宜在4月中旬播种育苗。海拔高的地块可在4月下旬播种育苗。

苗床要选择通风向阳、地势高燥、排灌良好、2～3年内未种过同一科作物的地块。苗床培养土配制：一般可选用稻田土或不同科作物菜园土7份（或6份）、腐熟有机肥3份（或4份），加0.2%钙镁磷肥（或过磷酸钙）；也可选用稻田土（或河泥）加腐熟猪粪8%～10%、0.2%钙镁磷肥配制而成。在配制营养土时一定要碾碎，充分拌匀，铺于苗床或制成营养钵。一般播种床铺培养土厚度 8～10 厘米，分苗床为 10～15 厘米。

常用播种方式有撒播与点播。

3. 苗期管理　要根据幼苗生长情况和天气变化，及时揭膜通风降温或及时覆盖膜保温防雨淋，防止高温或低温、暴雨伤苗，即在白天温度高时，要及时解开小拱棚薄膜两头或中间通风降温，傍晚或下雨时要覆盖好薄膜保温、防雨淋。遇到寒冷天气时，还需在薄膜外加盖草帘或再盖一层薄膜、加盖遮阳网保温，以防冻害。

当苗床土发白时，可在晴天中午前后适当浇水，浇水时加入 0.1%～0.3% 尿素和磷酸二氢钾追肥。

要做好苗期病虫害防治。如果苗床中土壤湿度和空气湿度过高、阴雨和低温，易诱发猝倒病、疫病、灰霉病等发生，要降低苗床内土壤和空气湿度，如果发现病害必须及时喷药。

4. 田间管理　山区土壤一般以红黄壤为主，土壤瘠薄，肥力差，酸性强（一般 pH5～5.5），有效磷含量低，土壤速效磷不到 40 毫克/千克，甚至有的地区只有 10 毫克/千克左右，比标准土壤低 40%～90%，缺磷严重；氮的吸收能力低，不利于作物生长发育，而且病害严重。抱子甘蓝生长期长，植株高大，需肥量大，高山栽培在整地作畦时，①要亩施钙镁磷肥（或过磷酸钙）30～50 千克、石灰 50～100 千克；②畦中间开沟，亩施有机肥料 3 000～5 000 千克，然后把畦整平，作深沟高畦；③栽培地块四周一定要挖好排水沟。

高山栽培一般用地膜覆盖栽培。铺地膜要注意把栽培畦整成龟背形，畦中间稍高，畦两边稍低。铺地膜时，膜要拉紧，膜四周和栽培穴处用土封严、压牢。

一般畦宽 1.2 米宽，株行距 50 厘米×60 厘米，亩植 2 000 株。定植前半小时要把苗地浇透水，带土坨起苗，起苗后当天定植完毕，定植要求深度适中，不宜栽得过深，2 片子叶必须露出畦面，幼苗土块与畦面平。高脚苗可斜栽，以真叶露在地面为宜，压土不能太紧。栽植后，浇足定根水。高山蔬菜最易发生旱害，使生长受阻，根叶不茂。肥水管理要掌握少量多次、先控后促，适当施氮肥、多施磷钾肥、坐果后重施肥水的原则。施追肥可采用浇灌和叶面喷肥的方法。

5. 病虫害防治

由于山区荒地多，杂草树木多，害虫种类也多，必须重视病虫防治工作，并严格控制环境污染。①应利用当地的生态环境优势，充分利用生物与环境及生物种间的相互依赖、相互制约的关系，保护和培育各种自然天敌，抑制病虫害群体的增长，将其控制在经济危害水平以下。②应引种优良抗性品种，加强对病虫害危害的抵抗能力，并对引进的所有种子进行严格消毒处理，切断病害的传染源。③大力推广生物农药，应用以菌治虫、以菌治菌等生物方法防治病虫害。绝对禁止使用剧毒、高残留农药。④合理轮作和耕作，采用先进的栽培技术手段，改善蔬菜生长发育的环境条件，增强抗性，降低病虫害危害程度。

（三）采收及采后处理

当抱子甘蓝的植株茎秆中部形成小叶球时，要将下部老叶、黄叶摘去，以利于通风透光，促进小叶球发育，也便于将来小叶球采收。随着下部芽球逐渐膨大，还需将芽球旁边的叶片从叶柄基部摘掉，因叶柄会挤压芽球，使之变形变扁。在气温较高时，植株下部的腋芽不能形成小叶球，或已变成松散的叶球，也应及早摘除，以免消耗养分或成为蚜虫藏身之处。同时，要根据具体情况及时摘除顶芽，以减少养分消耗，使下部芽球生长充实。高山蔬菜采收期是在高温季节，所生产的蔬菜主要销往平原的大城市，要经过较长距离运输。为了达到产品新鲜、品质优、商品性好，必须根据蔬菜不同品种准确掌握采收成熟度和采摘方法，并做好分级包装运输工作。一天采收时间，宜在上午露水干后，采收时要轻摘轻放，遮阴、防止阳光直射，严禁用水浸泡，及时做好分级、包装、运输、销售各环节的工作。

五、智能温室无土栽培

智能温室设施齐全（如防虫网、保温遮阳幕、加热系统、滴灌系统等），气象和肥水可自己控制，为克服土壤不利因素的限制，一般采用无土栽培。由于抱子甘蓝营养体大，需肥量大，目前普遍采用基质栽培技术。

（一）基质选择和装袋

1. 栽培槽 在温室内北边留 80 厘米走道，南边留 30 厘米，用砖垒成南北向栽培槽，槽内径 48 厘米，槽高 24 厘米，槽距 72 厘米；也可直接挖半地下式栽培槽，槽宽 48 厘米，深 12 厘米，两边再用砖垒 2 层。槽内铺一层厚 0.1 毫米的塑料薄膜，膜两边用最上层的砖压住。膜上铺 3 厘米厚的洁净河沙，沙上铺一层编织袋，袋上填栽培基质。用珍珠岩和草木灰，混合比例为 8：2（V/V）。混合基质既有保持水肥的能力，又有良好的通气性，同时不含对作物有害的成分，对营养液酸碱度影响也较小。

2. 栽培袋 用白色不透明或白色在外的黑白双面塑料薄膜制成，使植株根系避免接触光线。具体规格是长 90 厘米，宽 18 厘米，高 13 厘米，容积约 16 升，也可视栽培需要而定。每袋种植 2 株抱子甘蓝。基质装袋应浇水混合搅拌至手捏成块、落地能散开为度。栽培袋内基质应紧实，装袋封口后，袋底部 3～4 厘米起"蓄水池"的作用，基质内水分逐渐消化完时，底部的水分能顺着毛细管上行，满足植物的需要。

选用混合基质一般可使用 2～3 年，但是每次使用前必须消毒。方法是用福尔马林 10 倍液通过温室滴灌系统进行。用此方法消毒，方法简单，安全可靠，效果较好。

如选用有机基质，可用玉米秸、菇渣、锯末等。使用前，基质先喷湿、盖膜、堆闷 10～15 天，灭菌消毒，并加入一定量的沙、炉渣等无机物，每立方米基质中再加入有机无土栽培专用肥 2 千克、消毒鸡粪 10 千克，混匀后即可填槽。每茬作物收获后可进行基质消毒，基质一般 3～5 年更新一次。

(二) 品种选择

根据智能温室温、光、水、肥、气控制能力强，成本高的特点，一般选择品质优、产量高的品种，如美国的王子、荷兰的科仑内、多拉米克，日本的早生子持、长岗交配早生子持等。

(三) 育苗和定植

智能温室种植抱子甘蓝，其上市的高峰期应尽量调整在 2～3 月份、9～10 月份，供应节日市场，以提高经济效益。

一般采用基质穴盘育苗，用 1：1 (V/V) 草炭和珍珠岩 (或草炭和蛭石) 混合基质。播种前基质加适量水，混合均匀后装盘。播种深度 1.0～1.5 厘米，上盖一层蛭石或珍珠岩。播后用清水浇透，然后保湿催芽，出苗适宜温度为 25℃左右，小苗适宜温度白天 15～27℃，夜间 10～20℃。育苗期间水分管理应特别注意，浇水要均匀。幼苗子叶平展、真叶开始出现时，隔天浇一遍 0.8～1.2 毫西/厘米的完全营养液。

(四) 定植

定植苗龄为 4～6 片真叶。定植前 3～4 天将基质浇足营养液，定植时再浇入适当的营养液，带肥移栽。株行距为 1.2 米 0.6 米。定植深度以达到子叶节为宜。定植后两周内应充分灌溉，以利于根系生长。

(五) 植株管理

当抱子甘蓝的植株茎秆中部形成小叶球时，要将下部老叶、黄叶摘去，以利于通风透光，促进小叶球发育，也便于将来采收。随着下部芽球逐渐膨大，还需将芽球旁边的叶片从叶柄基部摘掉，因叶柄会挤压芽球，使之变形变扁。在气温较高时，植株下部的腋芽不能形成小叶球，已变成松散的叶球也应及早摘除，以免消耗养分、成为蚜虫藏身之处。

(六) 肥水管理

1. 营养液配制 使用国外引进的整套灌溉系统进行营养管

理。采用表 1 的营养配方,在整个生育期,钙、镁的浓度可维持在一个范围内不变,钙为 100~120 毫克/升,镁为 40~50 毫克/升。微量元素采用常规配方。

表 1　营养配方

项　目	N (毫克/升)	P (毫克/升)	K (毫克/升)	EC (毫西/厘米)	pH 值
生长期	100~200	80~100	120~150	1.0	6.5
开花坐果期	120~150	60~80	150~200	1.5	6.5
成熟采摘期	120~180	60~80	170~220	1.5~2.0	6.5

配制时,使用进口的复合肥,配置 3 个母液罐。氮、磷、钾、镁和微量元素配在 A 罐,钙配在 B 罐,C 罐为酸罐。母液和灌溉水同时进入灌溉管理,混合成营养液进行灌溉。

2. 灌溉控制方法　根据作物不同生长期及不同天气状况控制灌溉量和灌溉浓度。小苗蒸腾量和需要的矿质营养较少,灌溉量少;随植株长大,植株蒸腾量、所需的矿质营养逐渐增加,灌溉量也逐渐增加。高温、强光、晴天灌溉量大;低温、弱光、阴雨天灌溉量少。为控制灌溉及灌溉浓度,每个灌溉区域设置 2 个肥水检测点,每天检测,内容为灌溉和栽培袋溢液的量、pH值、EC 值、NO_3^- 浓度等。正常溢出的量占灌溉液量的 15%~30%;溢出液 pH6.0~6.5;灌溉液和溢出液的 EC 值相差不超过 0.4~0.5 毫西/厘米;溢出液的 NO_3^- 浓度 250~500 毫克/升。当检测指标不正常时,应立即校正。

(七) 栽培环境控制

环境条件包括温、湿、光、氧气等,最主要的是温度和湿度的控制。抱子甘蓝不同品种、不同生育期对温度、湿度有不同的要求,应尽量维持在适当范围内。

温室内环境控制是一项非常复杂的技术,应综合考虑利用智能温室的环境调控设施,以求达到最佳状况。具体操作措施：①加热升温，夜间加保温幕保温；②遮阳网遮阴，卷帘窗、排风扇、屋顶喷淋，帮助降温；③室内湿度过高时，可强制通风降湿，也可加热、排热空气降湿；④湿度低时，可室内喷淋增湿。

（八）病虫害防治

病虫害防治以预防为主，做好温室内、苗床、种子消毒，采用控制温度、湿度和通风等生态防病措施为主，出入温室时随时关门，防止害虫飞入等隔离式防虫措施。由于温室卷帘和天窗安装了防虫网、地面覆盖不透光的黑白双面薄膜，虫害发生较少，只会零星发生蚜虫、叶螨、潜叶虫、蓟马和夜蛾，可用生物农药或低毒农药防治。

温室抱子甘蓝病害主要为霜霉病，是由温室内高湿度引起。不同品种的抗性差异很大，其防治应以抗病品种、控制湿度为主。在高温天气，用普力克、安克锰锌、克露、甲霜灵和瑞毒素等药剂预防。发生病毒的植株应及时清出温室，防止交叉感染。此外，应注意防治蚜虫，以减少病毒传播。零星发生的白粉病，及时用粉锈宁等防治，零星发生的菌核病可用农利灵、速克灵、菌核净、苯来特、甲基托布津等防治。

六、合理轮作与间作套种高效种植模式

（一）日光温室抱子甘蓝—豇豆高效栽培模式（河北省藁城市）

抱子甘蓝7月中旬育苗，8月中旬定植，11月下旬开始采收，3月下旬采收完毕，每亩产量1 500千克，平均售价8元/千克，产值12 000元，扣除成本2 000元，每亩纯收入10 000元。春茬豇豆于3月初阳畦育苗，4月初定植于温室，5月中旬开始采收，8月初收获完毕，每亩产量3 000千克，平均售价1.5元/千克，产值4 500元，扣除成本1 000元，纯效益3 500元；两茬产值16 500元，每亩纯收入13 500元。

1. 秋冬茬抱子甘蓝栽培技术

（1）品种选择　选用适于秋冬茬生产的品种，如京引 1 号、探险者。

（2）育苗　于 7 月中旬于露地采用荫棚在育苗盘（72 孔）中育苗，每亩用种量 15 克。需苗床面积 6 米^2，每立方米营养土过筛无病菌园田土 600 千克，有机肥 400 千克，尿素 0.25 千克，磷酸二铵 1 千克，混匀后装盘浇透水。待水渗后，在上面均匀筛一层细土，然后每穴播 1 粒种子，播后覆细土 1 厘米。一次成苗，定植后成苗率可达 95%～100%。在苗期隔 7～10 天用瑞毒锰锌及农用链霉素交替用药，预防苗期病害。

（3）定植　定植前每亩用优质腐熟有机肥 5 000 千克，施磷酸二铵 30 千克，混匀后普施地面，深翻 30 厘米，精细整地后按行距 70 厘米作小高垄，垄高 15 厘米。在 8 月中旬当植株长有 3～4 片真叶（播后 27 天左右）时，按株距 40 厘米定植，每亩 2 300～2 400 株。

（4）定植后管理

① 水肥管理：定植后浇足定植水。土壤见干见湿。采收前分 3 次追肥，定植后 4～5 天追活棵肥，定植 1 个月后追催苗肥，使其在结球前外叶达到 40 片；在芽球膨大期追第三次肥。以后在采收 2～3 次芽球后追一次肥（结合浇水冲施尿素），第一次追肥亩用尿素 5 千克，以后每次每亩施尿素 10～15 千克、磷肥 10 千克、钾肥 10 千克。

② 温度管理：在缓苗期，白天保持 20～25℃，夜间 13～15℃，缓苗后白天保持 16～20℃，夜间 10℃左右，叶球形成期白天 13℃左右，夜间 8℃左右。

③ 中耕培土：由于抱子甘蓝株高 80～100 厘米，易倒伏，为防其倒伏，要加强根际培土。

（5）病虫害防治

霜霉病：在发病初期用 58% 甲霜灵锰锌 500 倍液或 72.2% 普力

克水剂 800 倍液喷雾，交替用药，7～10 天一次，连喷 2 次。

黑腐病：发病初期用 20%%叶枯唑 700 倍或 47%加瑞农 800 倍液喷雾，交替用药，7～10 天一次，连喷 2 次。

（6）采收　当叶球充分发育膨大、结球坚实、横径达 2.5～3 厘米时采收。

2. 豇豆栽培技术

（1）品种选择　可选择之豇 28-2。

（2）育苗　3 月初于阳畦内营养钵育苗。营养土按腐熟有机肥 50%、肥田土 50%，每立方米营养土加入多菌灵 80 克、敌百虫 60 克，混合均匀装入营养钵内备用。播前先将种子精选，放在盆中用 80～90℃热水迅速浸烫一下，随即加入冷水降温，于水温 25～30℃水中浸种 4～6 小时，捞出稍晾播种。一般不再播前催芽，每钵 3～4 粒种子，播后加盖一层薄膜保温保湿，促苗出土，出土后揭去薄膜，长出真叶后，间去弱苗，每穴留 2 株。

（3）定植　4 月初定植，定植前深翻 25 厘米，结合翻地施优质腐熟圈肥 5 000～6 000 千克，过磷酸钙 75～100 千克或磷酸二铵 50 千克，钾肥 15～25 千克。整地后作畦，畦宽 1.2～1.3 米，每畦移栽 2 行豇豆，大行 70 厘米，小行 50 厘米，穴距 20 厘米左右，每穴栽 2 株，每亩 5 000～5 500 穴。

（4）定植后管理　豇豆出苗前白天控制在 25～28℃之间，夜温 15℃以上；出苗后白天控制在 25℃左右，夜间 15～18℃。结荚期白天 22～25℃，夜间 12℃以上；注意排湿降湿，防止湿度过大发生一些病害。

水肥管理：苗移栽后浇定苗水和缓苗水后，随即中耕蹲苗、保墒提温，促进根系发育，控制茎叶徒长。出现花蕾后可浇小水，再中耕。初花期不浇水。当第一花序开花坐荚，几节花序显现后，要浇足头水。头水后，茎叶生长很快，待中、下部荚伸长，中、上部花序出现时，再浇第二次水，以后进入结荚期，见干就浇水。采收盛期，隔 15 天随水追肥一次，每亩施尿素 10 千克、硫酸钾 5 千克或尿素 10 千克、磷酸二氢钾 10 千克。

　　吊蔓：豆角甩蔓后吊蔓，架高 2～2.5 米，可将第一穗花以下的权全部抹掉，主蔓爬到架顶时摘心，后期的侧枝座荚后也要摘心。

　　（5）锈病及白粉病防治　发病前用小苏打 500 倍液喷雾预防。在发病初期用 10%世高 2 000 倍液或 40%福星 5 000 倍液喷雾防治。

（二）日光温室小黄瓜、菜心、抱子甘蓝高效栽培模式

　　该模式是藁城市农业高科技园区内试验模式，被列为推广的优化高效模式之一，通过引进优良特菜品种、合理安排茬口，获得高产高效。春小黄瓜于 1 月上旬育苗，2 月中旬定植于温室，3 月中旬开始采收，6 月初收获完毕，亩产量 6 000 千克；菜心 6 月上旬干籽直播，8 月上旬收获完毕，亩产量 2 000 千克；秋抱子甘蓝 7 月中旬育苗，8 月中旬定植，11 月中旬开始采收，2 月上旬采收完毕，每亩产量 1 500 千克。

1．春小黄瓜栽培技术

　　（1）品种选择　选择荷兰鲜食小黄瓜品种戴多星。

　　（2）播种育苗　1 月上旬播种，浸种催芽按常规进行。苗床土按腐熟有机肥：肥田土 1∶1 的比例，每立方米营养土加多菌灵 80 克，混合均匀后装入营养钵内，浇足底水，把催好芽的种子播入钵内，一钵一粒，上覆潮湿细土，播种完毕后加盖小拱棚保温防寒。

　　（3）定植　2 月中旬定植。定植前每亩施入充分腐熟的优质有机肥 6 米^3、过磷酸钙 25 千克、腐殖酸复合肥 50 千克，深耕细耙整平，按大行距 90 厘米、小行距 60 厘米起小高垄，垄宽 20 厘米，垄高 15 厘米，在小垄上覆地膜，一膜覆双行。定植时按 40 厘米株距在地膜上开口挖穴，浇水，水渗后栽苗。

　　（4）定植后的管理

　　① 水肥管理：定植后浇定植水，当有新叶出现时，开始浇

缓苗水。以后控制浇水促进根系发育,当小瓜坐住后开始浇水施肥。此后每 5~7 天浇一次水,隔一水膜下冲施一次肥,每亩每次施用复合肥 15 千克。每 10 天叶面喷施一次 0.2% 磷酸二氢钾。

② 温度管理:缓苗期间白天温度 30~35℃,夜间 17~14℃。缓苗后实行变温管理:8~13 时保持 28~30℃,当温度超过 32℃,开始放风;13~16 时保持 30~20℃,放苫时温度达到 16~17℃;前半夜保持 16~20℃,后半夜保持 12~10℃,地温保持在 16℃ 以上。

(5) 病虫害防治

霜霉病:发病初期用 25% 瑞毒霉可湿性粉剂 1 000 倍液、72% 克露可湿性粉剂 800 倍液等,交替用药,连喷 2~3 次。

白粉病:发病初期用 15% 粉锈宁可湿性粉剂 1 500 倍液喷雾,防治 1~2 次。

细菌性角斑病:用 72% 农用链霉素 4 000 倍液或 77% 可杀得 500 倍液喷雾,3 天一次,连喷 2~3 次。

蚜虫、白粉虱:用黄板诱杀,也可用 10% 吡虫啉 1 500 倍液喷雾防治。

2. 菜心栽培技术

(1) 培育壮苗　选早熟品种四九菜心,于 6 月上旬干籽直播,每亩用种 50 克。直播前亩施优质腐熟圈肥 2 000 千克、磷钾复合肥 20 千克,播后覆细土 1 厘米。

(2) 定植　当真叶 2~3 片时定苗,定苗株行距 18 厘米×22 厘米。

(3) 定苗后田间管理

① 水肥管理:定苗后 7~8 天浇一次水,以保持土壤湿度。整个生长期追肥 1~2 次,每亩施尿素 10~15 千克。

② 温度管理:把温室前沿塑料棚膜撂起,上搭遮阳网。

(4) 采收　8 月上旬采收。

3. 秋抱子甘蓝栽培技术

（1）品种 选用京引1号、探险者。

（2）育苗 7月中旬于露地采用遮阴棚育苗盘（72孔）育苗，每亩用种量15克。

（3）定植 定植前施足基肥，精细整地后按行距70厘米作小高垄，垄高15厘米。在8月中旬植株长有3～4片真叶时按株距40厘米定植，每亩2 300～2 400株。

（4）定植后管理

① 水肥管理：定植后浇足定植水。在采收前分3次追肥：定植后4～5天追活棵肥；定植一个月后追催苗肥，使其在结球前外叶达到40片；芽球膨大期追第三次肥。以后在采收2～3次芽球后追一次肥，第一次追肥亩用尿素5千克，以后每次每亩施尿素10～15千克、磷肥10千克、钾肥10千克。

② 温度管理：叶球形成前，白天保持16～20℃，夜间10℃左右；叶球形成期，白天13℃左右，夜间8℃左右。

③ 中耕培土：定植后注意中耕，以后加强根际培土工作。

（5）病虫害防治

霜霉病：发病初期喷施40％乙磷铝200倍液、58％甲霜灵锰锌500倍液，交替用药，7～10天一次，连喷2次。

黑腐病：发病初期喷施77％可杀得500倍、72％农用链霉素4 000倍液，交替用药，7～10天一次，连喷2次。

（6）采收 叶球横径达2.5～3厘米时采收，2月上旬采收完毕。

（三）南瓜—豇豆—抱子甘蓝1年3收高效栽培模式

苏州市金阊区蔬菜园艺场通过多年实践和探索，总结出设施栽培微型南瓜—豇豆—抱子甘蓝一年三收高效栽培模式，亩总产量5 000千克，总产值达18 700元。

1. 茬口安排 微型南瓜1月中下旬播种，2月下旬定植，6月上中旬采收。豇豆6月上旬套种于南瓜田，9月上中旬采收。

抱子甘蓝 7 月下旬至 8 月初播种，8 月中下旬移苗，9 月中下旬定植，翌年 1 月上中旬采收。

2. 南瓜栽培技术

（1）品种选择 微型南瓜可选择苏州市蔬菜研究所选育的迷你南瓜、日本进口迷你桔瓜等保护地栽培专用品种。

（2）整地作畦 每亩施腐熟有机肥 3 000 千克、三元复合肥 50 千克，均匀撒施，耕翻入土，6 米宽棚作 4 畦，畦宽 1.0 米，沟宽 0.4 米，畦高 0.25 米，畦面铺设滴管，盖好地膜并将四周封严。

（3）播种育苗 1 月中下旬播种。播种前催芽，见芽后将种子播入育苗盘或苗床上，在苗床铺电加温线或育苗盘放在电加温线上育苗，待幼苗 2 片子叶展平时移入营养钵。苗期采用大棚内套小拱棚加盖无纺布。春季温度偏低，整个育苗期要求夜间温度不低于 15℃，白天大棚温度控制在 28～30℃，以利于花芽分化，同时注意预防早期高温烧苗。定植前 1 周要注意通风降温，加强炼苗。9 时揭去覆盖物，16 时再盖上，可缩短缓苗时间。

（4）定植 2 月下旬选晴好天气定植，采用三角形定植法，每畦 2 行，行距 60 厘米，株距 40 厘米，亩栽 1 700 株左右。定植后浇定根水，同时搭小拱棚，晚间加盖无纺布。

（5）田间管理

① 定植后 4～5 天闷棚，缓苗后每天揭盖，以后根据天气情况逐渐提前或推迟揭盖，3 月下旬撤除小拱棚。

② 肥水管理。定植 1 周后，亩施尿素 5 千克作提苗肥，根据植株生长情况增加中后期肥水，亩施磷酸二氢钾 10 千克、三元复合肥 10 千克作追肥，提高坐果率和单位面积的产量，防止早衰。进入结果期后要注意水分供应，保持土壤湿润，使用滴管既可及时补充水分、降低劳动强度，又可降低空气湿度，防止和减轻病害发生。

③ 搭架用 14# 铁丝在棚两端固定好，然后将竹竿一端插在

两株中间，上端固定在铁丝上。为防止铁丝受力下垂，每隔5米左右用细铁丝将铁丝吊挂在棚拱架上，增强牢固度。

④ 引蔓、整枝、绑蔓。幼苗6片真叶开始伸蔓时，应及时引蔓，绑在竹架上，一般选择下午叶片蒸腾失水后、瓜蔓韧性好、不易损伤时进行。南瓜主蔓结瓜，采用单蔓整枝，其余侧枝全部摘除。要及时绑蔓。

⑤ 辅助授粉，适当疏果。4月上中旬始花，过早坐果或结果过多会影响植株生长，在主蔓12节以上开始留瓜，每隔3～4节留1个，每株留4～5个，要疏除多余雌花，减少养分消耗。为提高坐果率、确保坐果，要进行人工辅助授粉，授粉应在10时前结束。

（6）病虫害防治　害虫主要有蚜虫，可用10％吡虫啉可湿性粉剂2 000倍液等防治。病害主要有病毒病、白粉病，可用40％克毒宝可溶性粉剂1 000倍液或20％病毒K乳剂1 000倍液、10％苯醚甲环唑水分散颗粒剂1 500倍液、25％三唑酮可湿性粉剂1 000～1 500倍液等防治。

（7）适时采收　迷你南瓜授粉后35～40天，果面出现蜡质，果皮硬化，果面黄白色，果柄木质化时即可采收。商品果单果质量250～400克，亩成品果5 000个左右，产值可达7 500元。

3. 豇豆栽培技术

（1）品种选择　选用耐热品种，如帮达夏龙、姑苏玉豇、翠皮肉豇、扬豇40、之豇28-2等。

（2）适时播种　6月上旬在南瓜植株旁采用免耕直播套种。每穴3～4粒，亩用种量约1.5千克，播种前打掉南瓜老叶。

（3）田间管理

① 肥水管理：播种后保持土壤湿润，出苗后10天左右亩用尿素5千克随水追肥，以后根据植株长势追肥浇水。第一花序开花时，亩用磷酸二氢钾15千克、尿素5千克随水追肥。进入采收高峰时，亩用磷酸二氢钾20千克随水追施。

② 引蔓打顶：植株 4～5 片真叶时，及时清除套种在棚内的南瓜藤。用剪刀从基部向上分段剪除，小心不要碰伤豇豆植株。6～8 片真叶时开始伸蔓，人工辅助引蔓上架。引蔓应选择下午叶片蒸腾失水后、蔓韧性好、不易损伤时进行。主蔓 2 米时及时打顶，控制植株生长，促使侧枝花芽形成，充分利用"回头花"（封顶后侧枝上花芽由上向下）提高产量。

（4）病虫害防治　害虫主要有蚜虫、美洲斑潜蝇、豆荚螟，可用 10%吡虫啉可湿性粉剂 2 000 倍液或 20%阿维·杀蝉微乳剂 1 500 倍液、4.5%氯氰菊酯乳油 2 000 倍液、10%溴虫腈悬浮剂 1 500 倍液等防治。病害主要有锈病、煤霉病、炭疽病，可用 43%戊唑醇悬浮剂 5 000 倍液或 80%代森锰锌可湿性粉剂 800 倍液、80%炭疽福美可湿性粉剂 800 倍液、70%甲基托布津可湿性粉剂 1 000 倍液等防治。

（5）适时采收　从豇豆开花到嫩荚采收一般 2 周左右，于 8 月中旬开始采收。严格防止荚内种子凸后采收，影响商品性。采收时要注意不伤及花序上的其他花蕾。每亩豇豆产量约 2 000 千克，产值 3 200 元左右。

4. 抱子甘蓝栽培技术

（1）品种选择　可选用皇家早生、东方绿生、富兰克林等进口早熟品种。

（2）整地作畦　9 月上中旬待豇豆采收结束后及时整地作畦，亩施腐熟有机肥 3 000 千克，耕翻作畦，6 米宽棚作 4 畦，畦宽 1.0 米，沟宽 0.4 米，畦面铺设滴管。

（3）播种育苗　7 月下旬至 8 月初将抱子甘蓝播种于预先准备的育苗棚内，播种后 2～3 天出苗。出苗前在育苗棚上覆盖遮阳网降温；出苗后，视天气情况盖揭遮阳网，一般在 9 时左右盖遮阳网降温，16 时左右揭去，以利于通风透光。育苗期正值高温季节，保持土壤湿润，浇水时应掌握在 8 时以前、17 时以后进行，防止烂苗。出苗后 10 天左右用 0.2%尿素随水追施。植株 2～3 片真叶时，约 8 月中下旬将幼苗移入营养钵，并注意覆盖遮阳网防晒降温，4～5 天缓苗后，追施 0.5％尿素，移栽 1 周左右可逐步撤去遮阳网。

（4）田间管理　9 月中下旬选择晴天下午或阴天定植。每畦种 2 行，行距 60 厘米，株距 45 厘米，亩栽 1 550 株左右。定植后浇定根水，3～4 天缓苗，定植 1 周后结合浇水，每亩施尿素 5 千克作提苗肥；定植 1 个月左右，植株 8～10 片真叶时，中耕松土；同时，伴随浇水，亩施 45％三元复合肥 15 千克。当植株进入芽球膨大期时适量追肥，促进叶球膨大。植株生长中期水分管理以见干见湿为宜。植株高 40 厘米时及时插竹竿，防止倒伏。生长后期可以摘除基部无功能老叶、黄叶，以利通风。

（5）病虫害防治　病害主要有猝倒病、软腐病，可用 90％恶霉灵晶体 4 000 倍液或 77％氢氧化铜可湿性微粒粉剂 700 倍液、72％农用硫酸链霉素可湿性粉剂 4 000 倍液等防治。主要害虫有蚜虫、小菜蛾、甜菜夜蛾、斜纹夜蛾，可用 10％吡虫啉可湿性粉剂 2 000 倍液或 10％除尽悬浮剂 1 500 倍液、5％氟虫脲乳油 1 500 倍液、银纹夜蛾核型多角体病毒可湿性粉剂 800 倍液等防治。

（6）适时采收　翌年 1 月上中旬，抱子甘蓝单球质量 15～20 克时即可分批采收。亩产量 1 000 千克左右，产值 8 000 元左右。

（四）抱子甘蓝、茴香、黄瓜套种栽培模式（山东省曹县）

抱子甘蓝于 7 月初露地育苗，8 月初定植，11 月中旬至翌年 3 月上旬收获。茴香于 12 月底撒播在抱子甘蓝行间，翌年 3 月中旬收获。黄瓜于 2 月上旬温室播种育苗，3 月底定植，5 月初至 7 月底收获。

1. 抱子甘蓝栽培技术

（1）育苗　选用适合秋冬茬生产的品种，如京引 1 号、探险者。采用育苗移栽大苗法种植。7 月初露地搭遮阳棚、育苗盘

（72 孔）育苗。每亩用种量 15 克，需苗床面积 6 米²。每立方米营养土需用过筛无病菌大田土 600 千克、有机肥 400 千克、尿素 0.25 千克、磷酸二铵 1 千克，混匀后装盘浇透水。待水渗后，在上面均匀撒一层细土，然后播 1 粒种子，播后覆细土 1 厘米厚，一次成苗。

（2）定植　定植前，每亩用优质农家肥 5 000 千克、磷酸二铵 30 千克，混匀后普施地面，深翻 30 厘米。地整好后按行距 70 厘米作小高垄，垄高 15 厘米。育苗播后 27 天、当秧苗长有 3～4 片真叶时，按株距 40 厘米定植。定植后浇足定植水。

（3）水肥管理　缓苗后及时浇水，以后浇水掌握土壤见干见湿。在采收前分 3 次追肥：定植后 4～5 天追施活棵肥；定植 1 个月后追施催苗肥，使其在结球前外叶达到 40 片；在叶球膨大期追施第三次肥。以后在采收 2～3 次叶球后追一次肥：第一次追肥每亩施用尿素 5 千克，以后每次施用尿素 10～15 千克、磷肥 10 千克、钾肥 10 千克。

温室内气温控制：在缓苗期，白天保持 20～25℃，夜间 13～15℃；缓苗后白天 16～20℃，夜间 10℃左右；叶球形成期白天 13℃左右，夜间 8℃左右。由于抱子甘蓝株高 80～100 厘米，为防其倒伏，要加强根际培土工作。

（4）病害防治　防治霜霉病，发病初期喷施 40％三乙膦酸铝 200 倍液、58％甲霜·锰锌 500 倍液，交替用药，7～10 天一次，连喷 2 次。防治黑腐病，发病初期用 77％氢氧化铜 500 倍液、72％硫酸链霉素 4 000 倍液，交替用药，7～10 天一次，连喷 2 次。

2. 茴香栽培技术

（1）播种　选用株高 20～30 厘米、有 7～9 片叶、适应性广、再生能力强、产量高的扁粒小茴香品种。12 月底撒播在抱子甘蓝行间。宜密植，每亩用种量 7～8 千克。播前先把种子揉搓一遍，然后放入 15～18℃的冷水中浸泡 12 小时，并进行搓洗,漂出杂质和秕籽,在 18～20℃温度条件下催芽,待种子露白时播种。也可用 5 毫克/千克赤霉素溶液浸种 12 小时,促进发芽。播后盖土 1 厘米厚,保持气温在 15℃。

(2)田间管理 播后 6～7 天出苗。齐苗后及时间苗,保持株距 4 厘米,结合间苗拔草。苗高 7 厘米时结合追肥进行浇水,每亩施尿素 15 千克。小苗香在气温 15～20℃时生长良好,低于 4～5℃易受冻害。播后 60～70 天达到商品标准,其间浅锄 1～2 次,缺水时及时灌溉。

(3)收割 播后 2 个月、苗高 20～30 厘米时开始收割,可多次收割。于高出地表 2～3 厘米处收割,3 月中旬收完。

3. 黄瓜栽培技术

(1)育苗 选择荷兰鲜食小黄瓜品种。2 月中旬温室电热温床育苗。用 6 份肥沃田土加 4 份草圈粪混合均匀,然后每立方米营养土中再加入磷酸二铵 1.5 千克、草木灰 10 千克、多菌灵粉剂 0.5 千克,混匀过筛,装入 10 厘米 10 厘米营养钵中,每亩用营养钵 3 500 个。种子先用 55℃温水浸种,温度降至 30℃时再浸泡 4 小时。浸泡后将种子搓洗干净,然后催芽。将催好芽的种子芽朝下平放在营养钵中央,覆土 1～1.2 厘米厚。浇水要在早晨或傍晚进行,育苗期间保持土壤水分充足。

(2)定植 当苗龄 50 天、3 月底长有 3 叶 1 心时定植。行株距 50～80 厘米×32 厘米。

(3)田间管理 结瓜前期,温室气温白天保持 25～28℃,夜间 13～17℃。及时中耕锄划。结瓜盛期,温室气温白天提高到 26～30℃,夜间 13～15℃。大部分根瓜长至 10～15 厘米时开始浇施第一次肥水,每亩追尿素 10 千克。进入盛瓜期,肥水要足。温度高时可 6 天浇一次水,隔一水追一次肥;一般追肥 4 次,每次每亩用尿素 10 千克,或隔次冲施腐熟人粪尿 500 千克。此品种以主蔓结瓜为主,每个叶腋间有 2～3 个雌花,无雄花,在生长期间注意疏瓜。不能使用增瓜灵。随着植株增高可随时落蔓。

（4）采收 当瓜长到长 10～15 厘米、直径 2.5～3 厘米时采收。

（五）日光温室抱子甘蓝茼蒿小西瓜三种三收高效栽培模式

河北省藁城市农业高科技园区通过引试新品种，合理安排茬口，进行抱子甘蓝、茼蒿、小西瓜三种三收高效种植，获得较高的产量及效益。三茬总产值 19 100 元，纯效益 15 300 元。抱子甘蓝 7 月中旬育苗，8 月中旬定植，12 月上旬开始采收，2 月中下旬采收完毕，每亩产量 1 200 千克，平均售价 8 元/千克，产值 9 600 元，成本 1 800 元，每亩纯收入 7 800 元；小叶茼蒿 5 月上旬干籽直播，7 月底收完，亩产量 3 000 千克，平均单价 0.5 元/千克，产值 1 500 元，纯效益 1 000 元；春小西瓜于 1 月中旬育苗，2 月底定植，"五一"节前收获完毕，亩产量 5 000 千克，平均单价 1.6 元/千克，产值 8 000 元，纯效益 6 500 元。

1. 抱子甘蓝栽培技术

（1）品种 选用荷兰品种探险者。7 月中旬露地采用遮阳棚育苗盘（72 孔）育苗，每亩用种量 15 克。

（2）定植 施足基肥。精细整地后按行距 70 厘米作小高垄，垄高 15 厘米。8 月中旬植株长有 3～4 片真叶时（播后 27 天）时按株距 40 厘米定植，每亩 2 300～2 400 株，定植后浇足定植水。

（3）定植后管理 土壤见干见湿，采收前分 3 次追肥：定植后 4～5 天追活棵肥；定植 1 个月后追催苗肥，使其在结球前外叶要达到 40 片；芽球膨大期追第三次。以后在采收 2～3 次芽球后追一次肥，施肥结合浇水冲施尿素，第一次追肥亩用尿素 5 千克，以后每次每亩施尿素 10～15 千克，磷肥 10 千克，钾肥 10 千克。叶球形成前白天保持 16～20℃，夜间 10 左右，叶球形成期白天 13℃左右，夜间 8℃左右。加强根际培土工作。主要防治霜霉病和黑腐病。在 12 月上旬开始采收，2 月下旬采收完毕。

2. 茼蒿栽培技术

(1) 品种　采用小叶茼蒿。

(2) 播种　5 月上旬采用干籽直播法播种，播前精细整地后作平畦，每亩撒种 4 千克，出土前需每天浇水，保持土壤湿润。

(3) 播后管理　播后 1 周可出齐苗，长出 1～2 片心叶时进行间苗，并拔除杂草，间苗以 4 厘米见方，生长期不能缺水，保持土壤湿润，植株长到 12 厘米时开始追肥，每亩施尿素 15千克。

(4) 采收　当 15 厘米高时即可采收嫩梢，每次采收后需浇水追肥一次，使侧枝旺盛萌发生长，7 月底采收完毕。

3. 春茬小型西瓜栽培技术

(1) 品种　选择皮薄、可食率高、含糖量高的小型礼品瓜品种，如红小玉等。

(2) 育苗　1 月中旬育苗，播前用温水浸种 3 小时，播后用秀苗 500 倍液淋湿苗床，覆盖地膜到出苗。

(3) 定植及定植后管理　2 月底定植，按大行 70 厘米、小行 50 厘米、株距 50 厘米定植，定植后保持室内相对湿度50%～80%，白天温度 20～35℃，夜晚温度 12～25℃。整枝时根据栽培密度，每株选留大小、长短差不多的 2～4 条健壮子蔓，其余侧枝全部去除。开花期易受低温、连阴天、光照不足等影响，造成坐果困难。应选择晴天进行人工授粉，人工辅助授粉宜在早晨 7～10 时进行，授粉时应对柱头充分涂抹花粉，授粉最适温度为 25℃左右，温度低时要注意保温，超过 30℃时要注意通风降温，以增强人工授粉的效果。

坐果后，肥水用量要根据瓜苗长势及土壤墒情而定，注意室内通风换气，避免棚内温湿度过大，一般白天室内气温不宜超过 35℃；注意防治病虫害，及时摘除多余侧枝，促使果实膨大。

（4）采收　果实成熟时花纹清晰，色泽鲜明，瓜柄附近茸毛脱落，此时应及时采收，"五一"节前抢早上市。

第四章

青花菜设施栽培

青花菜，别名绿花菜、茎椰菜、西兰花、意大利芥蓝。是十字花科芸薹属甘蓝种的一个变种，一二年生草本植物。以其主茎和侧枝顶端形成的花球供食用。

青花菜原产于欧洲地中海沿岸的意大利，栽培历史较短，但发展很快，现在世界各地都有栽培，特别到 20 世纪中期，随着青花菜营养价值逐渐被消费者所认识，其在一些发达国家如美国、日本、意大利、法国等广为种植。近年来青花菜在我国沿海大中城市附近地区发展很快，种植面积迅速增加，且大部分出口外销。

第一节　青花菜植物学性状与形态特征

青花菜和花椰菜一样，是由野生甘蓝演变而来的一个变种，一二年生草本植物。野生甘蓝枝繁叶茂、节间发育良好，顶芽和侧芽为活动芽，开放生长，并不形成特殊的贮藏器官。在进化过程中，在不同的环境条件影响下，经过人工长期培育和选择，形成了许多栽培变种，主要有结球甘蓝、花椰菜、球茎甘蓝、抱子甘蓝、青花菜、芥蓝、羽衣甘蓝等。

（一）根

青花菜主根明显，根系发达。根群主要分布在 30～40 厘米的土层，有利于吸收耕作层内的水分和养分。主根入土深度可达60 多厘米。侧根发达呈网状，根系再生能力强，断根后很快恢复生长，适于育苗移栽。

（二）茎

青花菜植株高大，茎直立，上粗下细，高 25～50 厘米，表面有蜡粉，周皮在生长过程中逐渐木质化，支撑叶和花球。主茎顶端经花芽分化后，形成主花球。茎部每一叶腋芽萌生能力强，当主花球采收可迅速生长形成侧枝，侧枝顶部再形成侧花球。这与花椰菜明显不同，花椰菜只在主茎顶端经花芽分化后，形成主花球，侧花球不发育。青花菜的茎中部是薄壁细胞构成的髓部，同样有很好的食用价值和营养价值。

（三）叶

青花菜叶色蓝绿或深蓝色，叶面蜡粉较重，蜡粉量多少因品种而异。叶数多，一般品种有 20 叶左右。叶形有阔叶型或长叶型两种。青花菜叶片与花椰菜相比，叶柄明显狭长，叶缘锯齿状缺刻较深。叶片基部有翼状裂片少许，叶片互生于主茎上。早熟品种一般长至 17 片真叶时形成花球，中晚熟品种一般长至 22 片真叶时形成花球。

（四）花球

青花菜花球呈半球形，花球结构较松软。花球由肉质花茎、侧生小花枝和青绿色的花蕾群所组成。与花椰菜花球相比，组成青花菜花球的第一次花枝数较少，但总的花蕾数多，一个花球大约由 7 万个小花蕾组成。花球形成不仅需要一定的低温条件，而且对日照长短也有一定的要求，低温、短日照有利于优质花球形成。花蕾粒大小、整齐度是评判花球质量好坏的重要依据。由于青花菜花球是由一个一个完整的小花蕾组成，当花球过了适宜的采收时间，花球变松散，小花蕾枯死或开花，特别是气温较高时，更容易出现这种情况，使花球失去商品性。因此，一定要注意适期采收，在高温季节应适当提前采收。主茎顶端着生的花球较大，一般直径可达 12 厘米以上，重 300～500 克，侧花球较小，一般只有 3～5 厘米。

（五）花

当花球发育过程中遇到外界高温，花茎可迅速伸长形成花薹，其上着生复总状花序，花蕾从花茎基部开始依次向上开放、开花。花由花梗、花托、花萼、花冠、花蕊（雄蕊、雌蕊）组成，属完全花。每朵花的花萼有 4 个绿色萼片，着生在花的最外轮。花瓣内侧着生花蕊，雄蕊 6 枚，分为 2 轮，外轮 2 个较短，内轮 4 个较长（称四强雄蕊）。雌蕊位于花的正中，长度与内轮 4 个较长的雄蕊差不多，柱头位于其顶端，以接受花粉。青花菜为异花授粉作物，与其他甘蓝类蔬菜极易杂交，天然杂交可育率达 100％，所产生的杂交种都能正常发育。

（六）果实与种子

开花后在昆虫等传粉下受精结实，果实为角果，扁圆柱状，果长 7～9 厘米，表面光滑，由假隔膜分成 2 室，种子成排着生于假隔膜边缘。果实成熟前为绿色，可进行光合作用，成熟后为黄色，每个角果含种子 10～16 粒。种子成熟前为绿色，成熟后较饱满，圆形，种皮颜色有浅褐色、褐色、红棕色等，千粒重 2.5～4.0 克。种子休眠期极短，但少数品种的种子有较长的休眠时间。

第二节　青花菜生长发育过程

青花菜生长发育经历种子发芽期、幼苗期、莲座期、花球形成期和开花结实期等 5 个时期。发芽期、幼苗期和莲座期为植株营养生长期。这段时期内，植株叶数不断增多，株高增加，同时植株通过感应外界变化而完成春化过程。当莲座期结束时，主茎顶部开始出现花球，植株进入生殖生长阶段，花球逐渐发育，当外界条件适宜时，花球可开花结果。

青花菜营养生长状况与花球发育密切相关。植株根、茎、叶等营养器官的生长状况是花球发育的基础。如果植株营养生长不良或茎叶尚未充分发育时便已花芽分化，花球小而产量降低。

一、种子发芽期

从播种到子叶展开、第一片真叶露心，为种子发芽期，历时7～10天。

（一）种子形态与发芽过程

青花菜种子胚乳在种子发育过程中已被吸收，养分已贮存在子叶内部，属于无胚乳种子。种子发芽时，起初幼根向下伸长，接着胚轴伸长，初期弯曲成弧状，拱出土面后逐渐伸直，使子叶脱落种皮而迅速展开。子叶出土见光后能迅速进行光合作用，积累营养物质，提供幼苗生长需要。如果子叶受到损害，对植株以后的生长发育会受到影响。因此，出苗后要注意不能损害子叶。

（二）影响发芽的外界条件

1. 温度　青花菜种子能够发芽的温度范围较宽，在4～35℃范围内都可发芽。种子发芽最适温度为22～25℃，在5～25℃范围内温度越高，发芽速度越快。在最适温度条件下，一般1～2天就开始露芽。

2. 水分　种子发芽时，要吸收水分，体积增大，以至种皮破裂，吸收氧气进行气体交换，并促进体内贮藏物质转化与运转。播种以后，土壤水分对种子发芽影响很大。如果土壤水分不足，播种后不能发芽；如果水分过大，使种子的吸水量超过发芽所需的最适量时，不仅会大大抑制发芽，甚至会引起种子腐烂。土壤水分的多少与浇水和土壤黏重程度有关。通透性好的土壤，浇水或下雨以后土壤中的水分很快流失，不会造成土壤水分过多。对于黏重性土壤，浇水过多或下雨后，土壤水分过大，不利于发芽。因此，播种最好选用通透性好的土壤。

3. 气体条件　种子发芽过程中呼吸作用旺盛，需要充足的氧气。当胚芽从种子露出后，氧的消耗大为增加。这种关系与播种深度以及土壤排水性有关。播种时如果覆土过深、氧气缺乏，就会妨碍正常发芽。同时，如果土壤排水性差、土壤水分过多、土壤中缺乏氧气，就不易发芽，甚至腐烂。

根据相关试验资料，一般蔬菜种子发芽，通常需要 10％以上的氧浓度，至少也要有 5％的浓度。二氧化碳对种子发芽有抑制作用。

4. 光照条件 青花菜属于喜光性种子。在有光条件下，特别是波长 660 纳米左右的红光，会促进发芽。

5. 种子的质量 出苗好坏与种子大小（饱满程度）、成熟度等都有很大关系。种子越大，发芽越早，而且出苗率也越高，幼苗的营养体生长量也越大。种子发芽率与成熟度的关系是，成熟度越低，发芽率越低。青花菜在开花后 40～45 天，种子才达完全成熟，虽然有些品种在开花后 25 天左右，采收的种子有一定的发芽率，但发芽势明显弱，播种后出苗率不会高。

青花菜种子休眠期很短，在生产上一般休眠是没有什么问题的。种子休眠的程度与种子成熟时期的环境条件有很大关系，比如肥料多的田采收的种子比肥料少的田休眠程度要深。如果需要打破休眠，提早播种，可通过低温或赤霉素、激动素等药剂处理。

二、幼苗与莲座期

从第一片真叶露出到 5～6 片真叶展开，为幼苗期，需 30 天左右。莲座期指从 5～6 片真叶展开到植株长有 17～20 片叶封垄，时间长短因品种和栽培条件差异较大，一般在 30～50 天。

（一）生长与发育的特点

青花菜幼苗与莲座期是营养生长的关键时期，这一时期要尽可能促进植株根、茎、叶等营养器官生长，为形成花球打下良好基础。

青花菜生长发育过程中，不论是整个植株的增重，还是根和茎伸长、叶面积增加、花球发育，都有一个生长速度的问题。幼苗定植以前，整个干物质的增加量较小，定植活棵以后，植株干物质迅速增加，特别是叶的增加更为明显。从现蕾开始，到花球成熟，茎、叶所占比重减少，相反，花蕾所占的比重增加。不过在花球成熟时，茎、叶所占比重仍较大，约占全部植株重量的62%。根的生长发育过程与叶一样，只是绝对生长量较小，在整个植株重量所占比重也较低，如定植时占18%，出蕾时占11%，到花球成熟时已减少至8%左右。植株不同生长阶段各器官生长量所占比重见表2。

表2　春栽久绿发育过程中各器官生长量所占比重

	定植期	现蕾期	成熟期
花		11%	30%
叶	71%	61%	35%
茎	11%	17%	27%
根	18%	11%	8%

（二）茎叶生长与环境条件

1. 温度　青花菜生长发育的环境条件中，温度是最敏感的一个因素。青花菜属半耐寒性蔬菜，性喜温和、凉爽气候条件，不耐高温炎热。但植株生长势强，又有一定的抗寒、耐热能力。茎的伸长最适夜间和白天温度为15～20℃，低于或高于这一温度范围，都不利于茎的生长。从白天与夜间温度的组合来看，茎生长最适宜的是白天20℃左右，夜间15℃。叶的生长，当夜间温度在15～20℃时，白天温度越高，外叶数增加越多；当夜间温度超过25℃，甚至30℃时，白天温度越高，外叶数减少。白天与夜间温度的3种组合20℃/15℃、25℃/15℃及30℃/15℃，对叶片的生长都较有利。因此，从以上的结果来看，这一时期最适温度为白天15～25℃，夜间15～20℃。

2. 光照　青花菜对日照长短要求并不十分严格，但长日照对茎的生长有明显促进作用，对叶片数量的增加不明显。光照充分，有利于植株生长健壮，形成强大的营养体，有利于光合效率提高和养分的积累，花球发育良好。春季栽培，定植后有利于促进茎叶的生长；秋季栽培，定植后由于日照时间逐渐缩短，气温也渐渐下降，茎叶的生长也会逐渐受到影响。在阳光强烈的夏季，高温不利于植株营养生长。

3. 水分　青花菜喜湿润环境，在整个生长过程中，对水分的需求量较大，土壤适宜的含水量为70%~80%。尤其是莲座期和结球期，如果持续干旱，会导致青花菜叶片缩小，营养体生长受抑制，出现提早现蕾，花球发育小，易老化，大大降低花球品质和产量。青花菜不耐涝，如湿度过大，特别是地势低洼或多雨季节，常会引起烂根，以及黑腐病、黑斑病的发生。因此，多雨时要及时排除田间积水，减少病害发生。

4. 土壤及营养　青花菜对土壤适应性较广，但以pH6左右、排灌良好、耕层深厚、土质疏松、富含有机质的壤土或沙壤土种植最好。对于黏重的土壤，要通过多施腐熟农家有机肥料增强土壤的通透性和保肥能力。青花菜整个生长期间需肥较多，如表3所示，每亩收获1113千克的新鲜重，要吸收37.2千克氮、1.52千克磷和48.2千克钾。在茎叶生长的过程中，对氮肥需要充分，在生长中后期，除要求充足的氮素养分外，还需要大量的磷、钾养分，在茎、叶生长基本停止时，茎叶中的养分要向花球转移，因此前期茎叶生长过程中磷、钾的吸收对后期花芽分化和花球膨大影响很大，所以要通过多施底肥，不断追肥，促进营养生长。

表3　青花菜不同器官鲜重、干重与氮、磷、钾吸收量比较

器官	鲜重		干重		N		P		K	
	千克/亩	%	千克/亩	%	千克/亩	%	千克/亩	%	千克/亩	%
叶	542	48.7	66.0	52.4	24.8	66.7	0.8	51.4	22.3	46.4
茎	278	25.0	26	20.8	7.3	19.7	0.33	22.8	13.5	27.9
花球	242	21.7	24	19.1	3.8	10.2	0.26	17.1	9.8	20.3
根	51	4.6	10	7.7	1.3	3.4	0.13	8.7	2.6	5.4
合计	1 113	100	126	100	37.2	100	1.52	100	48.2	100

三、花球形成期

从主茎顶端形成 0.5 厘米大小的花球到花球长足采收，为花球形成期，需 30～40 天。

（一）花芽与花球的发育特点

青花菜的花球由肉质花茎、侧生小花枝和青绿色花蕾群所组成，花序在多次反复发生一次、二次小花枝的同时，小花蕾也在显著增加，花枝前端不断变肥厚，最后共同构成花球。另外，每个花枝的基部会形成小包叶。花球发育的过程大致可分为未分化期、现蕾期、花球膨大期、花球成熟期 4 个阶段。

青花菜营养生长到一定阶段，当遇到外界一定的低温等条件时，茎顶端呈圆锥形的叶原基开始向半球形的花原基转变，接着花原基开始形成花芽，同时花原基也在不断增加。通过这个过程，一方面不断形成花枝，另一方面小花枝顶端显著短缩，最后形成肥大的花球。随着花球的继续生长，花球周边部分开始松散，侧生花枝伸长。

青花菜花芽分化过程一般经历以下几个时期：未分化期，茎顶端呈圆锥形，主要是叶原基分化。膨大期，与未分化期相比，主要呈现出明显的肥大半球形。花蕾形成前期，从肥厚的茎顶周围部分形成突起状的花序原基，这部分形成第一次花枝，其基部则形成包叶原基。花蕾形成中期，这一时期花序原基的数量明显增加。花蕾形成后期，所有已发育的第一次花序原基的周围，又形成第二次花序原基，新形成的第二次花序原基的周围再形成新的花序原基。萼片形成期，每个花芽原基形成 4 枚萼片。雄蕊、雌蕊形成期，萼片内侧形成 6 个雄蕊和 1 个雌蕊。花瓣形成期。花瓣伸长期。

（二）花蕾形成、发育的条件

1. 温度 青花菜收获的花球是生殖器官，因此植株从营养生长转变到生殖生长，不仅需要一定的低温要求，而且低温要持续一段时间。不同熟性的品种完成春化过程对外界温度的要求也不同。一般早熟品种在23℃以下低温时，即能花芽分化；中熟品种在10℃以下，能花芽分化；晚熟品种则要求5℃以下的低温。因此，品种熟性越晚，完成春化所要求的温度越低，时间也越长。由于不同栽培季节温度条件不一样，掌握不同品种的花芽分化特性对于选用适宜的品种是非常重要的。

花球发育以16～18℃为宜。温度高于25℃，则花球发育不良，花蕾生长不均匀，造成花球松散、有小叶、花蕾黄化等，品质差；低于5℃，则花球生长缓慢，但能忍耐轻霜冻。

2. 日照 长日照促进花球形成，特别是在低温加长日照条件下，对花蕾的形成与发育促进作用更明显。根据对温度与日照时间不同组合对花球发育影响的试验，在15℃左右、长日照条件下，花蕾形成比短日照条件提前一周时间。也有报道，在20℃条件下，部分品种只在长日照条件下现蕾。

3. 植株营养体大小 一般早熟品种要求具有8片真叶、茎粗达3.5毫米，中熟品种一般要求具有10～12片真叶、茎粗达10毫米，晚熟品种一般要求具有13～16片真叶、茎粗达15毫米，才能开始花芽分化。现蕾以后，花球最终的产量和品质还取决于营养生长状况，只有在现球前植株已形成足够的营养生长，才有可能获得优质、高产的可能，否则就会减产并造成花球质量低劣。因此，在营养生长期间，要提供充足的肥水条件。

4. 栽培条件 栽培条件包括土壤构造、营养状况、水分及定植密度等。花芽分化后，对磷、钾肥需要量相对增加，以促进糖的积累和蛋白质合成。花球发育过程中对硼、镁、钼等微量元素肥料需要量较多，如缺少微量元素，会引起球茎中空、花球表面变褐、叶片易老化等。因此，花球形成期，增施磷、钾肥及硼、镁、钼肥对于促进植株体内养分运转和花球发育效果明显。水分对花球质量与品质影响也很大，如果持续干旱，会导致青花菜叶片缩小，营养体生长受抑制，出现提早现蕾、花球发育小、老化，大大降低花球品质和产量。

四、开花结果期

从花球边缘开始松散、花茎伸长抽薹、开花结籽，直到种子成熟，需 100～120 天。经历花茎伸长、开花和结籽三个阶段，其中结籽期 50～60 天。

（一）开花结果过程

花球本身是由小花枝和许多小花蕾组成，当花球发育成熟后，在外界条件适宜时，花球边缘开始松散，花茎可迅速伸长形成花薹，花蕾开放。青花菜属于复总状无限花序型，花蕾从花茎基部开始依次向上开放开花，开花期 40 天左右。与其他甘蓝类蔬菜一样，雌蕊在开花后 3～4 天、雄蕊在开花后 2～3 天有受精能力。由于一个主花球大约有 12 个第一次花枝，有大约 7 万个花蕾，如果进行采收种子，这么多花蕾全部开放，收获的种子质量差，产量低，因此，采收种子的植株花球要进行割球处理。

（二）开花结果的条件

青花菜开花结果的最适温度为 20～25℃，一般认为受精的最适温度为 20℃。青花菜开花期一般在 4 月，种子收获在 6 月份，长江流域正是梅雨季节，对开花和结果非常不利。因此，采种栽培要尽可能选择开花期雨水较少的地区。目前青花菜品种基本上是利用自交不亲和系配制的杂交品种，对于配制杂交品种，一定要保证两亲本花期一致，如果两亲本开花不一致，要通过调整双亲播种时间、肥水管理、不同方式的割球处理以及化学药剂等处理，促使两亲本花期相遇。开花后，大约 50 天种子成熟，当种荚变黄，种荚内种子变褐色且硬实后，进行收割。

第三节　畸形花球的形成与预防措施

品质好的花球是指花球结球较紧实，不松散，花球颜色鲜绿，无异色；小花蕾大小均匀，细致整齐；整个花球呈半球形，较饱满；花球无异斑，无腐烂；花球大小适中，符合出口需要。影响花球品质好坏的因素很多，一般有品种、栽培管理技术和外界环境条件等几方面。下面介绍几种生产上易出现的畸形花球发生原因与防治措施。

一、花球带小叶

花球带小叶是指花球在发育过程中，小花枝基部的小叶从花球中间长出，收获的花球品质大大下降。

引起花球带小叶的原因主要是因为当植株遇到外界一定的低温时，花芽通过分化，花球发育过程中，又遇到突然的高温，花球形成过程中的生殖生长受抑制，又引起营养生长，小花枝基部的小叶加速生长，伸出花球。另外，引起小叶发生的原因与品种、育苗时的温度、定植苗的大小以及定植密度等也有关系，一般育苗时温度越高、定植时苗越大、定植密度越高，带小叶花球发生的比率越高。

防止措施：首先要选用耐热、抗逆性强的品种。花球发育过程中，保持田间土壤的湿润。加强苗期的管理，防止老化苗的发生，选用适龄的幼苗栽培，定植密度不宜过密。

二、早期现蕾（小花球）

当植株营养生长不充分、株体尚小时，感受低温而提前开始形成花球，收获的花球不仅小且品质差，失去商品价值。

植株营养体的大小直接决定青花菜花球的大小。出现早期现蕾的原因主要是定植苗不健壮，老化苗、大苗定植后遇低温；定植时栽培管理不当，缓苗慢；土壤肥力差，定植活棵以后供肥不足，土壤水分不足或过大，产生渍害，不利于发根；种植密度比较高，导致植株营养体得不到充分生长，当遇到外界的低温条件时，诱导花芽分化与花球的形成。

防止措施：加强苗期管理，培育壮苗，防止幼苗徒长或老化；定植时选阴天，多带土少伤根，促进早活棵；选用土壤肥力好、排灌便利的田种植；定植后加强肥水管理，促进植株营养生长。

三、球茎有空洞

主要在花球成熟期形成。最初在茎组织内形成几个小的椭圆形缺口，随着植株成熟，小缺口逐渐扩大，连接成一个大缺口，使茎形成一个空洞，严重时空洞扩展到花茎上。空洞表面木质化，变成褐色，但不腐烂，从变色组织中检测不到病原物。将花球和茎纵切或在花球顶部往下 15～17 厘米处的茎横切面均可观察到空茎存在。

空茎发生的原因与过量的氮肥、缺水、缺硼、高温等多种因素引起的生理失调与关。氮肥施用过量，特别是在花球生长期，使植株生长过快，空茎发生率高。青花菜是一种多汁液作物，需要一定的土壤水分，营养生长期和花球生长期缺水或浇水不当，易引起空茎发生。青花菜是一种喜凉作物，适宜的生长温度为 15～22℃，如种植季节安排不当，在花球生长期遇高温（25℃以上），使花球生长过快，易造成空茎。青花菜空茎与缺硼有较大关系，在缺硼的条件下，可诱导茎内组织细胞壁结构改变，使茎内组织退化，并伴随木质化过程，引起空茎形成。

防止措施：选用不易空茎的品种，这是防治空茎最有效的方法之一。安排适宜的种植时期，尽可能避免花球生长期遇高温，因此根据所选品种的生育期，适时播种，培育壮苗，适时定植。加强肥水管理，种植青花菜宜选排灌良好的地块，在种植前进行土壤营养测定，以便决定施肥种类和施肥量。管理上始终保持土壤见干见湿。应避免在花球生长期施过量的氮肥。在施足腐熟堆肥作底肥的情况下，在花球生长期的施肥应掌握少施或不施氮肥，增加磷钾肥的施用量。对缺硼的土壤，基肥中加施硼肥，现

蕾开始后，每隔一周喷施一次 16％1 000 倍的液体硼肥，连续喷
2～3 次。

四、花球有大小蕾（满天星）

组成同一个花球的小花蕾，在不同部位表现大小不一致，高
低也不平，影响花球品质。

主要原因是由于花芽分化时期遇到高温，使花芽分化不完
全，或者花芽分化后，花球在发育过程中气温出现明显波动，使
花蕾发育不一致。

防止措施：选用对温度不太敏感的品种；培育壮苗，加强肥
水管理，促进植株生长旺盛，增强抗逆性。

五、花球松散、小花蕾枯死、黄化

花球在适收期之前开始松散，部分小花蕾出现枯死或黄化的
现象。

主要原因是花球发育时期外界温度较高，影响了花球的正常
膨大，而小花枝节生长较快，导致花球松散；在花球充分长大后
没有及时采收，也会导致花球松散，引起部分花蕾枯死或黄化，
这一现象在温度较高的收获季节更容易发生。

防止措施：选用耐热性较强的品种，选择适宜的播种时间，
使花球成熟时期避开 25℃ 以上的高温；花球成熟后及时采收，
高温季节收获花球要安排在早晨或傍晚进行，收获后的花球及时
放在阴凉处或冷库中贮藏。

六、花球颜色发紫发红

花球表面正常的绿色变成紫色或红色，不仅外观品质下降，
而且质地变硬，口感品质也不好。

发生原因主要是花球形成过程中遇到突然的寒流降温，花球
产生花青素，引起颜色变化。这种情况主要在秋冬季收获的花球

上发生。

防止措施：选用耐寒性强的品种；花球形成期喷施翠康钙宝500～1 000倍液，可增强抗寒能力；冷空气来前1～2天，将菜地浇灌水；也可在晚上在植株上覆盖遮阳网，或折两三张外叶盖住花球，减轻花球冻害。

第四节　青花菜品种类型及新品种简介

一、品种类型

青花菜品种类型比较多。按成熟期分，有极早熟品种（从播种到采收90天以内）、早熟品种（从播种到采收需90～100天）、中熟品种（从播种到采收需100～120天）和晚熟品种（从播种到采收需120天以上）。由于青花菜为绿体春化型，植株从营养生长转入生殖生长，不仅要有一定的植株大小，需要一定的低温且低温能够持续一段时间。不同熟性的品种对植株大小、低温要求也不一样，极早熟和早熟品种，一般要求具有8片真叶、茎粗达3.5毫米，气温20℃左右条件下即可开始花芽分化；中熟品种一般要求具有10～12片真叶，茎粗达10毫米，气温5～10℃条件下即可开始花芽分化；晚熟品种一般要求具有13～16片真叶，茎粗达15毫米，气温5℃以下时即可开始花芽分化。另外，根据植株分枝能力，青花菜可分为主花球专用品种（以采收主茎顶端花球为主，侧枝发生少）、主侧花球兼用品种（当主花球采收后，侧花球能迅速生长并可采收，产量构成仍以主花球为主）。由于青花菜杂种优势明显，生长势旺，抗病性强，花球商品性好，目前生产上用的青花菜基本上是杂交一代良种，而且大多数从国外引进。

二、新品种

1. 里绿　日本品种。属极早熟种，生育期约90天，侧枝发生较少，为顶花球专用品种。株高 52 厘米，开展度 62 厘米左右，株型紧凑，可适当密植。植株生长较旺盛，耐热，抗病性强。花球平大，花蕾中等粗细，色泽深绿，适宜鲜销，也可速冻加工，单球重 300～400 克。适合春、夏秋露地栽培。

2. 早生绿 从日本引进的杂交品种。早熟，从播种到收获约 95 天，早期生长比较旺盛，株高 60 厘米左右，叶片呈短披针形，叶面蜡粉较多，外叶数 20～24 片。抗病、抗逆性较强，适合春、秋两季栽培。花球半圆形，花蕾中等粗细，浓绿色，品质好，主球重达 400 克左右。

3. 优秀 日本品种。属早熟种，生育期 100 天左右。生长势旺，抗病性强，适应性广，株高 60 厘米，开展度 75 厘米左右，叶大较直立，外叶数 20～21 片，侧芽多。花球紧实圆正，鲜绿色，呈半球形，花蕾细小，品质好，适合保鲜出口，也可作速冻加工，单球重 400～500 克。适合秋季栽培。

4. 山水 日本品种。属早熟种，生育期 105 天左右。植株较直立高大，生长势强，叶片蓝绿色。花球紧实，花蕾细小，呈高圆形，球色深绿，适合保鲜和速冻加工出口，单球重 400 克以上。适合秋季栽培。

5. 绿带子 日本品种。属早熟种，生育期 105～108 天。生长势旺，抗病性强，叶片深绿色。花球厚实，呈半球形，花蕾细小，外观整齐，深蓝绿色，品质优良，主要用于保鲜加工后出口，单球重 400～600 克。适合秋季栽培。

6. 曼陀绿 瑞士先正达公司品种。株型较大，整齐性好。为早熟品种，从定植到采收约 70 天。花球呈半球形，蕾中细，颜色绿，品质好，单球重 300 克左右，球茎 13 厘米。但花球生长期间不耐高温和低温，遇高温等不良环境易出现"满天星"，遇 10℃低温花球易发紫。适合秋季栽培，8 月上中旬播种，11～12 月上旬收获。

7. 耐寒优秀 日本品种。株型较紧凑，叶片大小中等，较直立，侧芽多。为中熟品种，从定植到采收约 75 天。花球圆整坚实，半球形，单球重 550 克左右，蕾中细，商品性好。耐寒性较强，低温不发紫，高温、高湿时花蕾会出现黄心。适合保鲜，也可速冻加工。

8. 四季绿　日本品种。定植至收获 80 天左右，株高约 45～5 厘米，开展度 55～65 厘米，植株较矮小，株型紧凑，可适当密植。花球半圆形，边缘紧凑，花蕾细小，易出现大小蕾，花蕾颜色青绿，低温不发紫，品质优。主花球重 300～400 克。对霜霉病、黑腐病抗性一般，植株耐寒力强，适应性广，是一个优良的品种。

9. 春秋 4 号　中熟品种。适合春秋两季栽培，秋季生长期 105～110 天，定植后 80 天左右收获；春季定植后 75 天左右收获。生长势旺盛，耐低温，半球形，品质好。单球重 400 克左右。

10. 春绿　日本品种。属中早熟种，生育期 105 天左右。株高 60 厘米，开展度 67 厘米，长势旺盛，叶片绿色。花球为半球形，花蕾细致，结球紧实，球色绿，适合保鲜或速冻出口，春季栽培花球重 300 克；秋季栽培，花球充分长大可达 500 克以上。适应性较广，适合春、秋季栽培。

11. 绿岭　日本品种。属中熟种，生育期 110～120 天。植株生长旺盛，高 60～70 厘米，开展度 70 厘米左右，侧枝发生中等，可作主侧花球兼用种。叶色深绿，叶面有蜡粉；花球半圆形，紧密，球色浓绿，球形美，花球重 500 克。丰产性强，植株耐热、耐寒性强，生产适应性广，适合春、秋季栽培。

12. 绿秀　韩国品种。属中熟种，生育期 110～120 天。生长势强，株高 56 厘米，开展度 80～90 厘米，叶色深绿。为主侧花球兼用品种。花球紧实，呈半球形，球径 15 厘米，单球重 400 克左右。适合春、秋季栽培。

13. 瑞绿　日本品种。属中熟种，生育期 115 天左右。植株直立，抗性强，叶片浅绿色。花球半圆形，花蕾细小，较圆正，适宜鲜销，也可以保鲜、速冻加工出口，单球重 350～400 克。适合秋季栽培。

14. 久绿　日本品种。属中熟种，生育期 120 天。生长势旺，抗病性强，开展度 70 厘米，侧枝较发达。花球半圆形，圆正、绿色，适宜速冻加工出口，单球重达 400 克以上，大的可达 650 克。适合春、秋季栽培。

15. 绿雄 90　日本品种。属中晚熟种，定植至收获 90 天左右。株高 65～70 厘米，生长势强，株型半直立，外叶数 22 片，侧芽少。抗病、耐寒性强，低温成长性好。花球圆整紧实，半球形，蕾中细均匀，蕾色青绿，短时间低温不易发紫，单球重可达 800 克左右，适合保鲜或速冻加工。

16. 梅绿 90　日本品种。属晚熟种，生育期 140 天。生长强健，植株体大，株高 70～75 厘米，开展度 90 厘米左右，为主球型。花球丰满、半球形，花蕾中等粗细，适宜保鲜出口，单球重 400～500 克。适合秋冬季栽培。

17. 圣绿　日本品种。属晚熟种，生育期 140 天。长势旺盛，抗病、耐寒性强，开展度 70 厘米，外叶绿色，为主球型。花球近半球形、紧密，花蕾细致整齐，球径 15 厘米，适宜保鲜出口，单球重 500 克左右。适合秋冬季栽培。

18. 喜鹊　日本品种。属晚熟种，定植至收获 100 天左右。株型高大，株高 65～70 厘米，开展度 90 厘米，生长势强，半直立。抗病性较强。花球圆整紧实，呈半球形，边缘紧凑，蕾色青绿，花蕾中细，适合保鲜，不适合速冻加工，单球重 600 克左右。

19. 晚生圣绿　日本品种。属晚熟种，生育期 160～170 天。株高 70 厘米，开展度 75 厘米，外叶蓝绿色，为主球型。花球厚实，丰满半球形，结球紧实，花蕾细小，球色鲜绿，品质好，在低温时球色仍保持原有色泽，适宜保鲜出口，单球重 500 克左右。适合秋冬季栽培。

20. 晚绿玖玖 从日本引进的极晚熟杂交品种。生育期160～170天。抗寒、抗病性强，株高70厘米，开展度80厘米，外叶深绿色，蜡粉中等。花球半圆形，花蕾粗细中等，紧实度一般。主球收获后侧花球也可以收获。长江中下游地区在9月上旬播种，可露地越冬，翌年3、4月收获上市。

第五节 栽培季节与品种选择

一、青花菜特性与栽培类型的分化

青花菜受气候条件特别是气温对其生长发育的影响非常大。生长发育过程中，气温对花芽分化、花球发育的影响是最主要的。比如对花蕾形成的影响，虽然是低温和长日照相互作用的结果，但如果气温达不到花芽分化所需的低温条件，无论给予什么样的光照，也不能现蕾。因此，不同地区要根据当地气候条件选择适宜的品种和栽培类型，才能保证生产出优质、高产的花球。

青花菜露地栽培按时间主要可分为夏秋季栽培、秋冬季栽培、春季栽培和高山春夏季栽培等4种栽培类型。另外，还可以利用保护设施进行秋延后或春提前栽培。

夏秋季栽培是指在6月下旬至8月上旬播种，9月下旬至12月收获。这个栽培方式相对来说是青花菜较适宜的栽培季节。不过播种期正处于高温时期，如何保证幼苗能正常生长是栽培的关键。如果苗期能加强管理，保证从苗期开始能生长正常，培育出壮苗，以后花球的发育生长就能很好。这个栽培类型花芽分化时期的温度仍然较高，特别是在10月中旬之前收获的，因此要选用早熟或中早熟品种，花芽分化对低温的要求相对低些。

秋冬季栽培是7～8月中旬播种，12～3月收获。和夏秋季栽培一样，育苗期正处于高温季节，如何确保苗期正常生长也是栽培管理的关键。与夏秋季栽培相比，花球形成与发育时的温度比较低，花芽分化前植株营养体的大小对以后花球的品质与大小影响很大。另外，由于选用的品种生育期较长，因此花芽分化时间也比夏秋季栽培要迟，这样可以通过加强前期肥水管理，确保花芽分化前植株的营养体大小尽可能大。这一栽培类型另一最大的优势是，花球收获季节正值寒冷时节，市场上绿色的蔬菜产品较少，加上在元旦至春节期间，市场前景很好。青花菜营养丰富，食用方法又有多种，很受消费者欢迎。而且，不用设施条件，露地就可进行青花菜栽培，投资小，收益高，是非常适合发展的致富项目。

这一栽培季节按照更具体的采收花球时间又大致可分为以下三个类型：一是从 11 月至 12 月收获主花球；二是从 12 月至来年 1 月收获主花球；三是从 12 月至来年 2 月上旬收获主花球，1～3 月继续收获侧花球。

选择中晚熟或晚熟品种，在花芽分化前植株营养体能得到充分长大，因此即使到后期气温变寒冷，植株生长量很小，最后也能形成很好的花球。如用早熟品种，在花芽分化前，植株营养体生长量不足，形成的花球很小。

春季栽培是 1～2 月播种，5 月中旬至 6 月收获。与夏秋季栽培、秋冬季栽培完全相反，这一栽培季节气温是从低逐渐升高。花芽分化以后，花球的生长发育速度很快，特别是收获时期气温较高，花球过了适收期后一个晚上就有可能变松散、发黄，因此收获的前后时间很短。为了确保花球质量，这一栽培类型最好建造冷库，收获的花球尽快放置在冷库里，这样才能保证花球的品质。

另外，育苗处于严寒时期，要利用保护设施。苗期的管理也十分重要，要保证育出十分健壮的苗，定植时不能伤根，保证定植后能迅速活棵，花芽分化前有足够的营养生长，为以后花球的顺利发育提供保证。

高山春夏季栽培，主要是利用高山或高海拔的地方昼夜温差较大，白天温度相对较低，晚上气温一般在 10℃以上，实现青花菜春夏季高温季节栽培。一般 3～6 月播种，6～9 月收获。与春季栽培一样，是外界气温由低逐渐升高的栽培类型。

二、各栽培类型的生长发育过程

（一）夏秋季栽培生长发育过程

这一栽培类型根据气温的不同变化，又可分为 9 月收获、10 月收获和 11 月收获三个不同的栽培类型。

1. 9 月收获　这一栽培时期从盛夏到初秋，整个生长发育过程都处于高温期间，对于喜欢低温的青花菜来说，栽培管理技术的要求特别高。栽培期间，由于高温、干燥等原因，很容易引起多种生理障碍，因此对栽培技术、品种的要求很高。这一栽培类型从播种到收获大致需 65 天左右，在这么短时间内，要保证充分的营养生长、花芽正常分化、花球顺利发育肥大，一定要加强肥水管理，与其他栽培类型相比，更要注重前期的管理。育苗期间除了高温、干燥外，还有暴雨、台风等不良天气的影响，如何避免这些不良天气对幼苗的影响，对整个栽培的成功与否至关重要。

由于从定植到收获整个生长时间很短，为了保证在花芽分化前有足够的外叶和营养生长，定植时除了选用壮苗外，还要多带土、少伤根，促进早活棵。另外，肥料的施用要以基肥为主。这一栽培时间选用的品种都是极早熟品种，植株开展度不太大，因此要尽可能通过增加定植密度来提高产量。

2. 10 月收获　10 月收获其实在前半月与后半月收获的情况往往也并不一样。因为在 10 月上中旬，往往气温仍然较高，和 9 月收获栽培类型差不多，从播种到收获，高温、干燥、暴雨等不良天气一直伴随，其栽培品种与栽培管理技术同 9 月收获栽培类型。到 10 月中下旬气温已逐渐下降，这时的气温条件已较适合青花菜生长，田间管理相对也要容易一些。一般选择早熟品种，由于生长时间较长，生长期间要重视追肥的施用。

3. 11月收获　从育苗到定植后的前期生长，与前面两个收获时间的栽培一样，栽培管理的关键是如何防止不良天气特别是高温对植株生长发育影响。后期的温度已非常适合花球发育，因此花球的品质明显提高。11月收获栽培类型所选用的品种是中早熟品种，生长时间相对更长，主花球收获后，侧花球可以继续采收，生长时间有100天以上，在施足基肥的同时，要加强后期肥水管理。

（二）秋冬季栽培生长发育过程

前面已将这一栽培类型按时间分成三个栽培类型，这三个类型的共同之处是，育苗时期都在7～8月的高温季节，而且容易发生如台风、暴雨等不良的灾害天气，引起幼苗徒长，病害发生严重。为此，苗床要通过选用遮阳网、防雨棚等设施降温防暴雨；通过加强肥水管理，保证植株地上部与地下部均衡生长，培育壮苗。这样，即使在9月中下旬定植大田时，遇到气温偏高或其他不良天气，幼苗定植后仍能迅速活棵，保证植株正常生长。

1. 11月至12月收获　选择的品种一般是品质好、产量高的中熟品种，定植时间在9月中旬之前。由于收获的时间受播种时间、栽培管理的影响很大，还要通过加强栽培管理，才能保证在这一时间收获好的花球。

2. 12月至1月收获　一般在9月中下旬定植大田，在9～10月气温最适宜的时候进行营养生长，这时生长的好坏对整个栽培的成功与否非常关键。如果这个时期植株营养体得到充分生长，在现蕾后即使遇到不良的环境条件，也能收获较好的主花球，甚至也能收获品质较好的侧花球。

3. 冬春收获　如果适当提前播种，到年底能收获主花球。通过加强肥水管理，至早春也能收获侧花球。如果播种时间稍迟，就必须加强栽培管理，促进植株生长，这样到一二月份严寒的时期，也能收获主花球。

（三）春季栽培生长发育过程

早春在温室、大棚等保温设施内育苗，随着外界气温的升高，露地定植大田。育苗期间的温度主要通过人为控制，温度不能太低，否则会抑制幼苗正常生长；温度也不能太高，否则易形成徒长苗。定植后植株营养体长到能够满足春化要求的大小时，感应低温后迅速进行花芽分化，这时外叶数一般不再增加。现蕾以后，日平均气温一般要超过14℃以上，茎叶生长加快，同时花球也迅速膨大，现蕾后茎叶与花球同时急速生长发育，是春季栽培的最大特点。从现蕾到收获一般在半个月左右。由于定植前期气温偏低，植株生长量不大，到现蕾时植株的营养体一般较小，因此这一栽培季节收获的花球不太大，单球重一般150～250克，应通过增加密度提高产量。

（四）高山春夏季栽培生长发育过程

高山栽培青花菜大大提早了青花菜的采收上市时间，不仅可满足青花菜高温淡季上市的需要，而且能取得较好的经济效益。这一栽培季节生长的特点与春季栽培一样，现蕾后外叶与花球同时生长发育，由于植株尚小，遇到低温后就通过花芽分化，因此花球也不会大，而且容易出现畸形花球。

1.6～7月收获　6～7月收获上市，一般播种时间安排在3～4月，这时气温还比较低，因此要在平原地带育苗，再移栽到山上。要利用保温大棚进行育苗。为尽可能在现蕾前能形成足够大的营养体，定植时最好利用地膜或加盖小拱棚，提高地温，促进幼苗早活棵。到收获之前，气温已较高，并且会遇上梅雨期，花球容易出现焦蕾、黄化以及腐烂，因此采收花球要适当提前进行。

2.8～9月收获　播种时间在5～6月，可以进行露地育苗，外界的温度条件已能满足幼苗生长的需要。但这时雨水会比较多，又不利于幼苗生长，容易形成徒长苗，且病害严重。要利用避雨棚进行育苗，培育壮苗。

三、不同栽培类型的品种选择

（一）夏秋季栽培品种选择

1. 9 月收获 这一栽培类型生长过程中气温较高，只能选择在高温下能进行花芽分化的极早熟品种。这时收获的主花球品质一般，侧花球的品质很低，因此只考虑采收主花球。应选择主花球型品种。另外，由于生育期很短，花球较轻，还要考虑品种的株型要紧凑，以便密植，提高产量。

2. 10 月收获 在 10 月上旬收获，一般选用极早熟品种。到中下旬收获的话，这一时间由于气温逐渐降低，已比较适宜青花菜生长发育，收获数量一般已比较大，要想产品有好的市场，卖出好价格，花球品质的好坏至关重要。因此选择品种时既要考虑熟期，也要考虑质量。虽然选用极早熟品种，推迟播种时间，也能在 10 中下旬收获，但极早熟品种品质不太好。因此在 10 月中下旬收获，一般选用早熟品种。如选用中熟品种，虽然品质较好，但即使提前播种，在这一时间也不能收获。

如果这一时间收获后的田块不再考虑种植其他作物，也可以选择主侧花球兼用的品种，在主花球收获后，继续收获侧花球。

3. 11 月收获 这一栽培类型与在较温暖的地区进行冬春季收获栽培一样。在江淮以南，这一时间应是最适合青花菜栽培。11 月上旬收获的话，选择早熟品种，11 月中下旬收获，选择中早熟、中熟品种。当然，这里说的早熟与中熟只是相对的，在生产上许多品种生育时间也就相差几天，但品质差异明显，这就需要在实际生产上权衡品质与时间的关系，不能一味地按收获时间对号入座。

（二）秋冬季栽培品种选择

1. 11 月至 12 月收获 极早熟品种基本不耐寒，而且品质差，这一季节不用这类品种，而要选择中早熟和中熟品种。由于这一时间是青花菜最适宜生长的季节，主花球的品质要远远好于侧花球，因此一般选择主花球专用品种。中晚熟品种从适应性、品质要求方面来说，也适宜这一时间，但由于生育时间较长，7~8 月播种，这一时间还来不及收获。如果提前播种，前期的管理又很困难，很难保证花球的品质。

2.12 月至 1 月收获　这时的气温已比较低，要选择耐寒性好的中熟和中晚熟品种。由于这个时期收获的花球市场价格高，选择的品种应尽可能是主侧花球兼用品种。收获品质好的主花球后，又可以收获侧花球上市，提高种植效益。

3. 冬春收获　收获的时间在初冬至早春之间，虽然说适宜种植的地区是相对较温暖的江淮以南，但这时的气温还是很低，时有霜冻害发生。对于中熟品种，在这个时间很容易发生冻害，影响花球商品性，因此要选择耐寒性更强的中晚熟和晚熟品种。除了耐寒性外，还要选择侧枝发生能力强的品种。这是因为，①在寒冷的季节，主花球上市时不易过大，否则极易发生冻害，因此要在主花球收获后，采收侧花球来提高产量，增加经济效益。②气温较低时，植株本身侧枝发生、生长能力就弱，因此应尽可能选择侧枝发生能力强的品种。

（三）春季栽培品种选择

春季栽培植株生长发育的过程伴随着气温的不断升高，到花球膨大期气温一般会超过花球发育的最适温度，往往容易引起畸形花球，如带叶花球，就是因为温度较高，抑制花球发育，而小花枝基部的小叶又开始生长，伸出花球造成的。还有，春季雨水较多特别是后期进入梅雨季节，在高温、高湿条件下很容易发生软腐病。这些问题最好的克服办法是在高温、梅雨到来之前将花球收获。因此选择品种首先要考虑生育期的长短。对于中晚熟、晚熟品种，由于生长期较长，显然不能满足要求。利用极早熟品种，虽然能满足在梅雨前收获，但由于极早熟品种易感应低温而通过春化，很容易形成小花球，因此一般也不用。建议最好选用中早熟品种，同时考虑生长前期耐

寒性好而花球膨大期耐热性又强的品种，如优秀、久绿、春秋
4 号等品种。

（四）春夏季高山栽培品种选择

这一栽培类型虽然在高山或高海拔地区种植，但白天特别是
中午气温仍较高，花球发育速度很快，花球也不能太大时就要收
获。这一时期花球发育受低温和高温两方面影响，畸形花球很容
易发生，生产出品质好、重量大的花球很困难，而且由于后期气
温较高，收获的花球也容易黄化、枯蕾。与秋冬季栽培青花菜相
比，高山春夏季栽培的生育期短，而且环境条件明显差，主花球
收获后再收获侧花球也很困难，因此选择的品种要早熟，而且是
收主花球型的品种。如果选择中、晚熟品种，花芽分化需要的低
温达不到要求，难以通过春化阶段，而使植株不结球。另外，选
择的品种与其他栽培季节一样，要耐病、抗逆性强，不易发生畸
形花球。

第六节　青花菜设施栽培技术

一、夏秋季遮阳网覆盖栽培

夏季栽培青花菜因为气温高、雨水多、病虫害易发，栽培难
度大，技术要求高。应选用耐热、抗病、早熟的品种，使用遮阳
网覆盖及防虫措施。

（一）栽培技术要点

1. 培育壮苗　培育壮苗是形成优质花球的关键。花球的大
小由植株营养体生长量的大小决定。花芽分化以后，植株外叶数
不再增加，因此花芽分化前营养体的生长十分重要。

花芽分化的时间一般是熟性越早，分化越早，有时极早熟品
种在苗期就开始花芽分化。因此，对于早熟品种，育苗期要通过
加强肥水管理，利用大棚等设施防暴雨、台风，或利用育苗穴盘
育苗，培育壮苗；起苗时减少伤根，高温期定植以后加盖遮阳

网，促进早活棵，保证花芽分化前，植株能顺利生长。

2. 保证花球正常发育　花蕾的形成首先要通过花芽分化，而影响花芽分化的主要因素是温度。对于不同熟性的品种，其花芽分化所需的温度也不相同，不同熟性的品种分化所需温度：极早熟品种稍高于 22℃，早熟品种在 22℃以下，中熟品种在 17℃以下，晚熟品种需要 2～3℃的低温。不同熟性的品种通过春化时植株外叶数也不一样，晚熟品种植株营养体较小时，根本不能分化，而早熟品种，真叶有 7～8 叶，极早熟品种甚至外叶数更少时也能进行花芽分化。因此，要根据当时的气温条件选择品种，并安排适宜的播种时间，保证花芽分化及花球发育在正常的温度条件下进行。

花芽分化后，花蕾逐渐长大，夏秋栽培是在高温时期播种，到秋季收获，气温是逐渐下降，这对于花芽分化、花蕾发育需要的低温，一般是不用担心的。但是在 9 月以及 10 月上中旬收获的花球，往往会因为那时仍处于高温时期而影响花蕾正常发育，降低花球品质。

在花蕾发育过程中，如果气温回升，花芽分化停止，又回到营养生长，结果造成花球中间长出小叶，或在临近收获时，如遇到高温，花蕾也易松散，花球中间部分小花蕾枯死或开花，这些都会大大降低品质。

3. 适时收获　商品性高的花球，要求结球紧密，花蕾细致均匀，外观整齐一致，因此适时采收花球非常重要。从花球可以采收到花球开始松散的时间长短，与品种和采收时期的温度有很大关系，特别是与当时外界气温的关系更大。利用极早熟或早熟品种的，一般在 9～10 月气温较高时开始采收花球，这时候花球收获的适宜时间很短，一般就在 2 天左右，以后花球会迅速松散，失去商品性，因此要特别注意。利用中熟品种栽培，一般在 11 月收获，这时气温已开始下降，因此花球收获的适宜时间相对长些。

（二）栽培技术

1. 播种育苗

（1）苗床准备　夏秋季栽培，育苗期间正值高温多雨之际，最好采用育苗盘育苗，苗床选择通风凉爽、排水优良、土壤疏松、肥沃，前茬为非十字花科蔬菜的田块建好大棚，盖上银灰色遮阳网或22目银灰色防虫网，遮阳网两边离地面1.6～1.8米，防虫网要全棚覆盖。播种前要施足底肥及氮磷复合肥，以保证苗期充足的养分供应。翻耕耙细田块，整平作畦，畦高20～30厘米，宽1～1.2米，畦面要求土粒细而平。再用48％乐斯本1 000倍加绿亨一号3 000倍均匀喷洒，防病虫害。不在大棚内育苗的，在苗床做好后要搭建防雨遮阴棚，遮阴棚高度80～100厘米，不能太低，以保持苗床良好的通风。

（2）播种　播种前一天将苗床浇足底水，等水渗下后，干籽播种，可条播或撒播。由于夏秋季栽培生长期较短，育苗的时间也不能长，苗龄一般不能超过30天，因此一般播种后不再假植。为了培育壮苗，应以条播、稀播为好，这样可保证幼苗有均匀的生长空间。条播的话，要在畦面上划1厘米深、沟距7～8厘米的播种小沟。每隔1厘米播1粒种子（如果不准备假植，要间隔3～5厘米播1粒种子）。播后覆一层细土，盖土厚度以看不出种子为宜，不能太厚。再在苗床上盖一层稻草或遮阳网等，保湿降温。一般2～3天即可出苗，一旦出苗要及时揭除畦面上的覆盖物。在晴热天中午前后要盖好遮阳网，降温避烈日，阴天去掉不盖。暴雨前在大棚上加盖薄膜阻挡雨水冲刷。苗床中要经常保持土面湿润，在长出1～2片真叶时，结合除草，间一次苗，去除细弱、过密小苗。育苗期间可根据苗情，适当追稀粪肥。

（3）假植　播种后15～20天，幼苗有2～3片真叶时，进行分苗假植。分苗床每平方米施腐熟有机肥15千克，复合肥50克，与土壤混均后作成高畦。分苗要在阴天或晴天傍晚进行，按8厘米×10厘米株行距分苗。分苗后及时浇水，在晴热高温天气，中午仍要用遮阳网遮阴降温，促进活棵。分苗后要勤浇水，并且浇水量要适当，保持苗床既不缺水又不过湿。

如果不进行分苗，不仅播种要稀，而且在出苗后要数次间苗，一是保证苗床通风良好，二是通过间苗去掉病苗、弱苗。

（4）穴盘育苗　利用穴盘育苗有助于培育健壮的秧苗。穴盘育苗也要做苗床，一般选用128孔的专用塑料穴盘，育苗基质可以购买，也可以自己配制。装土之前用水调节基质含水量至60%左右，即用手紧握基质成团，又无水渗出。将预湿好的基质装入穴盘，用小木板轻轻敲打穴盘，使基质充实，再将盘面刮平，然后将装好基质的穴盘放在浇水处，统一用喷壶反复将基质浇透水，再用木钉板（专门用来给装好基质的穴盘压孔的板，上面有直径 0.8～1 厘米，高 0.6 厘米的圆柱形突起）压孔，孔深 0.5 厘米。再将压好孔的盘按两个一排整齐排放在苗床上。每个孔内播 1 粒种子，播后覆盖基质，并用小木板将盘面刮平，再浇一遍小水，以基质见湿为宜，盘面再盖废报纸或其他保温物。

出苗后及时去掉覆盖物。穴盘育苗要求每穴最后留 1 株苗。由于播种时会出现每穴播 2～3 粒或多粒，因此在出苗后，用小竹片挑出多余的小苗，移到没有出芽的穴内，移过后要浇水，这样既保证全苗，又减少种子用量。

无论是在苗床播种，还是利用穴盘育苗，苗期管理都以降温保湿为主，温度控制在 30℃ 以下，苗床湿度见干见湿。苗期除了加强温度、水分等管理外，还要特别注意病虫害的防治。

青花菜夏季育苗极易徒长，可在 1 叶 1 心期喷施多效唑 50 毫克/升。育苗苗龄切勿过长，以免造成小老苗，导致定植后株形矮小，生长势弱，早期现球而减产。

2. 定植

（1）整地、施肥、作畦　尽量选择土质较肥、排水较好且与十字花科蔬菜非连作的田地，前茬作物收获后，尽早耕翻晒土。定植前，每亩施腐熟有机肥 3 000 千克，复合肥 50 千克，硼肥 1

千克，然后翻耕入土，将地面耙平耙细，作成深沟高畦。畦宽一般根据每畦定植的行数确定，每畦栽2行，作成连沟1.2米宽的畦；每畦栽3行，作成连沟1.6米宽的畦。

（2）定植　选择阴天或晴天傍晚时定植。起苗前，苗床提前1～2天浇透水。这样，起苗时尽可能多带土护根。若是育苗盘育苗，可直接带土定植。定植时不宜太深，以子叶处露出土面为宜。由于花球大小由植株营养体大小决定，特别是这个时间栽培，生长时间短，如用细弱的苗定植，即使以后再施足肥料，植株营养体也不分大小，形成小花球。因此要选择生长健壮、无病虫害、根系发达的苗定植。定植密度因品种有差异，一般早熟品种株体小，可密植，株距40厘米左右，亩栽3 000株左右。如果定植田有大棚，定植后在大棚上直接覆盖遮阳网或其他覆盖物。如果定植田是露地，可搭建小拱棚或大棚，再覆盖遮阳网。

3. 田间管理

（1）遮阴降温　根据天气情况灵活掌握揭盖遮阳网或其他覆盖物的时间，晴天中午前后以及生长前期下暴雨前及时盖上遮阳网；清晨及傍晚或连续阴雨天气，温度不高，光照不强时要及时揭开覆盖物。

（2）浇水、松土　由于定植时期气温较高，水分蒸发快，因此定植后连续数天每天浇一次水，保证早活棵。成活后适当控水，促发根。以后在青花菜生长过程中要经常浇水，保持田间湿润；特别是结球期切不可干旱，要供水均匀、充足。为防止土壤板结，活棵后即需中耕松土，增加根部透气性，促进根系发育，减少水肥流失。多风地区，还要注意培土防倒伏。植株封行后叶片覆盖地面，中耕可停止。青花菜是深根性作物，怕涝，特别是排水差、黏性土壤栽培，积水对植株生长的影响非常不利，不易发根，生长势弱，植株下部叶片脱落，且病害严重。因此雨季要注意排水。

（3）合理追肥 早熟品种由于生育期较短，追肥可以少施，宜以基肥为主，分次追肥。一般每亩总需肥量为氮 25～35 千克、磷 15～20 千克、钾 20～25 千克，磷肥和多数氮、钾肥作基肥施入，其余氮、钾肥在定植后分 2～3 次追施。一般在 10 月中旬之前收获的，生长时间短，只需追两次。第一次在定植后 10 天，结合培土，追发棵肥，每亩施尿素 10 千克。第二次在现蕾前追一次复合肥，每亩施复合肥 20 千克。10 月中旬以后收获的，可进行 3 次追肥。第一次仍在定植后 10 天追尿素，另外两次可在现蕾前后进行，各追复合肥 25 千克和 15 千克。施肥量可根据土壤肥力、植株长势不同而作适当调整。后期不能过量施用氮肥，以免硝酸盐超标。现蕾后再用 0.2％硼砂加 0.2％磷酸二氢钾进行根外追肥。

4. 病虫害防治 这一栽培季节由于气温高，雨水多，病虫害发生较严重。主要病害有霜霉病、黑腐病、病毒病、软腐病、根肿病。虫害主要有菜青虫、小菜蛾、夜蛾和蚜虫。病虫害防治要严格按无公害洁净蔬菜生产要求，具体防治方法见病虫害防治部分。

二、秋冬季保护地栽培

（一）栽培技术要点

这一栽培类型从播种到植株生长，前期经常遇到连续高温、暴雨、台风等不良天气，后期气温逐渐下降，有些品种结球期易受冻害，利用大棚等设施，一方面可确保青花菜安全生产，另一方面可在最寒冷的 12 月至翌年 2 月有青花菜上市，获得较高收益。育苗期间利用大棚等设施育苗，可防止台风、暴雨等自然灾害和病虫害发生，保证定植时有健壮苗。

1. 育苗期 从播种到假植再到定植，一般苗龄在 35 天左右，具 6～7 张真叶。在这一生长过程中，如果幼苗过密，造成植株下部叶片相互重叠，叶片黄化脱落，植株的长势差异更大。

因此，要培育生长一致的健壮苗，播种的密度以及假栽的株行距要适当，保证幼苗有足够的生长空间。

2. 田间管理 青花菜秋冬季大棚栽培前期，即 11 月之前气温仍较高，不用覆盖。青花菜是深根性植物，很容易受渍害，特别是茎叶生长的关键时期，9～10 月气温较高，往往雨水、台风较多，易造成田间排水不畅、土壤黏重，对青花菜生长非常不利，因此要根据当地天气情况，选择适宜的田块，作高畦，并加强田间管理。

3. 肥料施用 青花菜需肥量较大，基肥要多施有机肥，保证植株有足够的营养生长，要多次追肥，并结合培土、除草，防止倒伏。

4. 播种时间 秋冷季栽培的后期气温逐渐变凉，已不适宜青花菜生长发育，利用大棚等设施栽培可避免后期低温对青花菜生长及花球的不利影响，在秋冬淡季有青花菜上市，获得好收益，因此在选择好适宜的栽培品种以后，播种时间可根据收获时间灵活掌握，一般在 7 月下旬至 8 月均可播种。

（二）栽培技术

1. 品种选择 秋冬季保护地栽培一般前期气温较高，仍以露地栽培为主，后期随着气温下降，再利用大棚加盖薄膜进行保护地栽培，一方面要考虑前期耐高温、高湿、抗病，同时又要考虑能在最寒冷的季节上市，取得最佳收益，因此选用的品种要具有耐高温、高湿、抗病性强，以中熟或中晚熟品种如耐寒优秀、久绿、瑞绿、绿秀较为适合。

2. 播种育苗 有条件的可利用育苗穴盘育苗。

（1）苗床准备 苗床要选择地势高、排灌方便、土壤肥沃、近两年未种十字花科蔬菜的田块。播种前要耕翻晒土，耕前每平方米施入腐熟有机肥 2 千克，混均后作成畦宽 1 米的高畦，畦面要平整细碎。播种前一天浇足底水，再用 48％乐斯本 1000 倍加绿亨一号 3 000 倍均匀喷洒。没有大棚的也要在苗床上搭遮阳棚，防烈日和暴雨。

（2）精细播种　这一季节栽培，由于生长期较长，应对幼苗进行假植一次，目的是切断主根，促进须根发生和生长，培育发达的根系和壮苗。播种一般以散播为主，每亩大田用种 15～20克，播种用苗床 10 米^2 左右。播种前一天先将苗床浇透水，为了保证播种均匀，可将种子与干细土或干细沙充分拌均匀，再播种在苗床上。播种后喷少量水，再盖一薄层过筛细土，厚度约0.5 厘米。盖完土后，再在苗床上盖一层稻草或遮阳网等，保湿降温。

（3）苗床管理　苗期管理主要是培育壮苗。壮苗的特征：苗龄适宜，秧龄 35 天左右（不同栽培季节定植苗龄不一样），叶龄6～7 片真叶，生长健壮，无病虫害，茎粗壮，节间较短，叶较大而厚，叶色正常，根系发达，植株生长整齐。由于播种时多处于高温、多暴雨、台风的季节，苗期管理主要是以降温保湿、防台风暴雨为主。出苗后及时间苗，出苗后胚根暴露在外或出现"带帽苗"，要轻轻洒一些过筛细土护根。当苗具有 2～3 片真叶时分苗假植一次，假植株行距 8 厘米×10 厘米。假植活棵后，可根据苗情适当追肥。

3. 整地与定植

（1）整地施肥　定植田宜选择前茬为非十字花科作物的田块，提前半个月左右深耕晒土，翻耕前每亩施入腐熟有机肥3 000千克、复合肥 50 千克和硼肥 1 千克，耕入土中，混均后作深沟高畦，畦宽一般根据每畦定植的行数确定，每畦栽两行作成连沟 1.2 米宽的畦；如每畦栽 3 行作成连沟 1.6 米宽的畦。

（2）合理密植　苗龄 30～35 天、具有 6～7 片真叶时定植。一般每亩栽 2 700～3 000株。起苗前，苗床提前 1～2 天浇透水，起苗时尽可能多带土护根。育苗盘育苗，可直接带土定植。选择阴天或晴天傍晚时定植，定植不宜过深，以子叶处露出土面为宜。定植后连续几天每天浇一次水，确保成活率。

4. 定植后田间管理

（1）温度管理 定植以后，仍处高温多暴雨时节，因此根据天气情况可利用大棚在高温的晴天中午前后以及生长前期下暴雨前及时盖遮阳网。进入 11 中下旬，气温逐步下降，视环境温度及时加盖薄膜，若夜温降到 5℃ 以下，大棚四周应及时围上裙膜，加盖薄膜，大棚门应关紧，每天早上 8～9 时打开大棚边缝放风至棚内水汽消散后，关上边缝，中午棚内温度超过 25℃，开边缝放风至棚内温度降下后，关上棚边缝。大棚管理的原则是既要保温，又要防止棚内内湿度过大，因此盖棚前期通风量要大，随着外界气温下降，逐步减小通风量和通风时间。

（2）肥水管理 青花菜整个生长过程需要充足的营养，特别是这一季节栽培，利用的是中熟、中晚熟品种，生长时间较长，因此在施足基肥的同时，还要追肥 3～4 次。由于 9～11 月外界气温较高，较适宜青花菜生长，营养生长量最大，也是决定后期花球形成大小最关键的时期，因此定植后要加强管理，促进早活棵。定植后 15 天左右追一次发棵肥，10～12 叶时追盘肥，追肥以尿素和硫酸钾为主。前期追肥量要大，促使植株迅速生长，在现蕾前形成足够大的营养体，为形成花球打下基础。花球发育过程中也需要吸收大量的营养，特别是钾、磷肥不足时，严重影响花球发育。另外，对硼、镁、钼等微量元素敏感，缺硼时易产生茎空洞，硼过量时嫩茎变褐；缺钼和缺镁时，植株叶片透明，外叶无光泽，易老化。因此，在现蕾期要再追花球肥，同时在花球发育过程中用 0.2％硼砂加 0.2％磷酸二氢钾进行根外追肥2～3 次。主花球收获后，如继续采收侧花球，要在主球收获后再追肥一次，促进侧枝小花球发育。

青花菜生长过程中要经常保持田土湿润，但怕涝，特别是排水差的土壤栽培，如雨水较多或积水对植株的生长影响很大，不易发根，长势弱，病害发生较重。因此，水分管理要依田间土壤墒情，进行浇水或排水。

加盖大棚以后不可浇水过多，因为气温逐渐下降，蒸发量小；另外，也避免造成棚内湿度过大，引起植株感病及烂球。

5.病虫害防治

（1）常见病害　秋大棚青花菜常见病害有霜霉病、褐腐病、黑斑病、菌斑病。药剂防治可用百菌清、代森锌可湿粉、甲基托布津可湿粉、代森锰锌新植霉素、农用链霉素等。

（2）常见虫害　秋大棚青花菜常见虫害有小菜蛾、甘蓝夜蛾、菜青虫、蚜虫等。药剂防治可用灭扫利、灭杀利、苏云金杆菌、氧化乐果等。

病虫害防治要严格执行无公害洁净蔬菜生产准则，要贯彻预防为主、综合防治方针，采取农业防治、物理防治、生物防治、化学防治相结合的手段。苗床和定植田都要尽可能不连作，定植田要多施腐熟有机肥，改善土壤条件。严禁使用高毒高残留农药，交替使用各类低毒低残留农药，并严守安全间隔期规定。农药防治可参考病虫害防治内容。

6.采收　一般保鲜加工用花球重300克左右，球径11～15厘米，球高13～14厘米，茎不能空心，带6～7叶采收，花球紧而不散、小花蕾颗粒小、颜色呈绿色应及时收获，收获过晚花球散球，花球质量变差，商品价值降低。如鲜销，可在主花球充分长大还未散球时将花球连同部分肥嫩花茎割下，收获期气温较低，花球不易散花，适收期较长，可根据市场行情适时收获。

三、早春拱棚加地膜覆盖栽培技术

（一）栽培技术要点

1.培育壮苗　为了保证现蕾前形成健壮的根系，选用壮苗定植是关键。春季栽培定植一般在拱棚内日平均气温10℃左右时进行，这种温度下壮苗容易活棵，发根好；徒长苗及病苗定植后不易成活，根发育差，因此要加强苗期管理，培育壮苗。

2.加强肥水管理　首先，要多施腐熟有机肥作基肥，改善土壤结构，提高土壤通透性，有利于发根。基肥在定植前一周施入，并与土壤充分混均。同时，土壤水分也不能过大，否则容易形成渍害，不利于根生长发育，即时使用再多的肥料，植株也不能吸收。其次，要适时追肥，由于植株在现蕾后进入旺盛生长期，需要吸收大量的营养，光靠施入的基肥不能满足需要，一定要在定植后 20～25 天追肥一次，追肥以速效肥为主。

（二）栽培技术

青花菜春季栽培，于冬季低温时节播种，到第二年春季定植，温度回升后结球，5 月前后采收，延长了采收期，栽培效益较好。青花菜春季栽培的关键技术是合理选用品种，适期播种，而且要利用保护设施保温或加温育苗，确保青花菜正常越冬不受冻，并有一定的生长势，定植以后青花菜生长至花球膨大期处于较适宜的温度，确保品质与产量。

1. 品种选择　春季栽培的气候特点是苗期温度低，生长后期温度升高快，因此不能选择早熟品种，否则会造成先期抽薹；但也不能选择迟熟品种，因为迟熟品种生育期长，结球期将会遇上较高的气温，从而不能结球或形成松散或品质差的花球。青花菜春季栽培应选择适应性强、耐寒、较耐热、株型紧凑、花球紧实的中温型中熟或中早熟品种，如春绿、久绿、绿岭、蒙特瑞等。

2. 播种育苗　播种期一般为 12 月至第二年 1 月中旬，在大棚等保护地内育苗。为避免过低的温度造成冻害和先期抽薹，必要时需采用多层覆盖保温或温床育苗。有条件的可营养钵或穴盘育苗，无需假植分苗，且定植时可缩短缓苗期。冬春季温度低，育苗的关键是保温防寒，通过揭盖草帘和农膜来调控温度。播种到齐苗，设施内白天气温 23℃左右，夜间气温 15℃左右，以后适当降低，白天气温控制在 15～20℃，夜间在 10℃左右。为避免淋水引起土温急剧下降，苗期应注意控制浇水次数和浇水量，防止因棚内湿度过大而引起猝倒病等发生。冬春季节温度低，秧苗生长慢,苗龄一般在 60 天左右,具 4～5 片真叶即可定植。中间分苗一次。另外,宜根据露地定植的适宜时期,调节育苗棚内的温湿度,确保秧苗能按期移栽。

3. 适时扣棚定植 一般在定植前一周左右作畦,并扣小拱棚,以提高地温。选择土层深厚、肥沃、排水良好的沙壤土栽培。土壤翻耕后施足基肥,并适当加入硼肥和钼肥,混均耕细后,作深沟高畦,畦宽 100 厘米、高 15～20 厘米。整好后喷除草剂禾耐斯或丁草胺封闭,防草害,然后覆盖地膜。地膜要拉平压紧,使膜与畦面密接,最后搭好拱棚增温。

定植前 7～10 天进行炼苗,可在晴天中午通风降温,使幼苗逐渐适应室外低温环境,以提高移栽成活率。每天炼苗的时间应逐渐延长。选晴天中午温度较高时定植。长江中下游一般在 2 月中旬前后定植。每畦栽 2 行,株距 40～45 厘米。定植后浇定根水,浇水后用畦沟中细土逐株覆盖栽植洞口,以防杂草滋生和热气外泄。

4. 田间管理

(1) 肥水管理 春季栽培生长前期处于低温季节,生长量小,生长后期温度升高快,对青花菜花芽花蕾分化和花球形成不利,因此一定要施足基肥,促进早缓苗,缓苗后稍为控肥水,提高抗逆性。田间积水及早开沟排水防冻。3 月下旬天气转暖后,要及时追肥,以促为主,一促到底,特别是花球膨大期要重视肥水,一般每亩施尿素 10 千克和硫酸钾 5～10 千克,促进花球膨大。为防止花茎空心,结球期用 0.1%硼砂、硫酸镁、钼酸铵等混合液进行叶面喷肥,喷施 2～3 次。

拱棚加地膜栽培,早春青花菜浇水比露地少。特别是生长前期气温低,一般无需灌水,以避免引起土温急剧下降,缓苗后一般不浇水,进行蹲苗,促进茎叶粗壮。中后期如需浇水要在中午进行,浇水量也不宜过多,做到小水勤浇。浇水后适当通风,降低棚内湿度,以防病害发生。随着气温回升,植株生长量加大,要保持土壤一定的湿度，特别是结球期切勿干旱。干旱抑制花球形成，导致产量下降。

（2）温度管理　青花菜营养生长期适温范围 10～24 ℃，花球形成期适温 16～24 ℃，超过 25 ℃，花球易松散。由于前期气温较低，以保温为主，促进植株前期生长，遇突发性大霜或冰冻天气应采取遮阳网或草帘覆盖保温。当气温回升时，应注意通风换气，使小拱棚内最高气温不超过 28℃，到 3 月下旬至 4 月上旬植株较大时，根据天气情况及时除去小拱棚。

5. 病虫害综合防治　早春拱棚栽培青花菜，由于气温较低，又有拱棚覆盖，避开了病虫害高发期。但是由于很少放风，造成棚内湿度较高，易发生一些病害，特别是中后期，随着气温升高，如果管理不当，棚内的高温、高湿极易引起霜霉病、黑腐病等病害发生。后期经常通风，也有蚜虫、小菜蛾、菜青虫等危害。因此。要及时观察，及早用低残留杀虫剂防治。病虫害防治方法可参照第七节青花菜主要病虫害及防治方法。

6. 适期采收　当花球紧密、花径达到 12 厘米以上时要及时采收，防止散花老化。采收过早则花球未充分长大、产量低；采收太晚则因花枝伸长、花球松散而失去商品价值。采收花球应在凉爽的早晨进行，用不锈钢刀具收割，花球连上部 5～6 片外叶割下，用箩筐装运，严防损伤。花球在常温下不易贮藏，特别是春季青花菜收获时气温较高，应及时上市出售，有条件的可进入冷库预冷，再保鲜储藏。

四、春季保护地栽培

（一）品种选择

选用耐寒、抗病中熟或中早熟品种，如久绿、绿岭，优秀等。

（二）育苗

长江流域主要是早春利用大棚等保温设施栽培。一般在 12

月上中旬育苗，2月中下旬定植，4月中下旬采收。苗期主要是做好保温防寒，培育壮苗。育苗方法可参照春季露地栽培育苗方法。

（三）定植

在定植前15天左右，扣硼烤地增温，施足基肥后作畦。最好铺地膜栽培，铺地膜前，畦面上喷药防杂草，再铺好地膜，四周要用土压严、压实，按定植株行距在地膜上事先开好定植孔。定植密度比春露地栽培稀，一般每亩栽 2 200～2 500 株。

（四）田间管理

1. 温度管理 春保护地栽培时，外界气温变化由低温向高温过渡，而青花菜生长发育的温度要求则刚好相反，因此为了促进幼苗生根，尽快缓苗，定植后要密闭大棚，白天棚内温度控制在 25℃左右，夜间在 13～15℃。活棵后适当降低温度，白天温度控制在 20～22℃，夜间 10～12℃。花球形成期要求良爽气候，白天温度以 16～18℃、夜间 10℃左右为宜。这期间温度主要通过覆盖物揭盖和通风来完成。前期外界气温低，要加强保温。随着外界气温上升，逐步加大通风量和通风时间。

2. 肥水管理 由于早春气温低，定植后几乎很少需要通风，加上幼苗期植株生长量小，浇水量不易过大。浇过定植水后，一般不再浇水。进入莲座期后，植株生长量加大，外界气温逐渐上升，叶面蒸发量也增大，要增加浇水次数。一直到结球期要保持土壤半干半湿。如果土壤湿度过大，要控制浇水，并利用通风进行调节棚内湿度。在满足温度条件的前提下，尽可能加大通风量。

青花菜需肥量较大，除施足基肥外，还要在生长期间追肥2～3次。第一次在定植后15天左右进行，追粪肥或尿素10千克加硫酸钾 10 千克。第二次在定植后 30 天左右进行，追尿素 15 千克。第三次在花球形成时进行，追尿素 10～15 千克。另外，在花球形成期，用 0.1％硼砂、硫酸镁、钼酸铵等混合液进行叶面喷肥。

（五）采收

春季保护地栽培的青花菜，采收前期温度低时，可根据市场行情及商品需求，分期分批及时采收。主侧花球兼用种，主花球采收前后选留 2～4 个较粗壮的侧枝，继续加强肥水管理，经 20 天左右又可采收侧花球。

五、青花菜穴盘育苗技术

（一）育苗设施

根据季节、气候条件以及育苗条件不同，选用塑料大棚、连栋大棚、搭设遮阳棚等多种保护设施育苗。冬春育苗以保温为主，采用"二膜一帘"（大棚膜＋小棚膜＋草帘）保温覆盖，选用防尘无滴多功能农膜；夏秋季育苗以防高温烈日和暴雨为主，采用"一膜一网"（大棚盖顶膜＋遮阳网）或"一膜二网"（大棚盖顶膜＋四周防虫网＋遮阳网）覆盖，或在苗床上搭 80～100 厘米高、略宽于畦床宽的遮阳棚，起防风、防雨、防虫和降温作用。有条件的连栋大棚应配备增温和降温设施，冬春育苗，夜间可采用地热线加温等措施，为幼苗尽可能提供最适宜的环境条件。

（二）苗床准备

1. 地面畦床　播种后的穴盘一般 2 排直向摆放在畦床上，畦床一般宽115～120 厘米（两个穴盘的长度），长度不限，整平拍实床面。床面铺一层黑色园艺地布或塑料薄膜，以防根系扎入地面。畦床四周开排水沟。

2. 育苗床架　连栋大棚可配置育苗床架，床架南北放置，高 80～100 厘米，宽 115～120 厘米，长度不限。床架之间留45～50 厘米宽人行道。

（三）穴盘规格

可选用 54.9 厘米×27.8 厘米、72 孔或 128 孔的塑料穴盘。

一般秋冬季栽培选用 72 孔，春季栽培选用 128 孔。

（四）育苗基质

使用全营养型有机育苗基质，可直接购买或自行配制。配制方法：营养基质按草炭、珍珠岩、蛭石体积比 3∶1∶1 配制。粒径 0.5～1.0 毫米，容重 0.1～0.8 克/米³，pH6～7。按基质总质量的千分之三到千分之五加 45% 复合肥，或每立方米基质加钙镁磷肥 2 千克、50% 多菌灵可湿性粉剂 500 克，拌匀后喷水。基质含水量为最大持水量的 55%～65%。pH 值可通过加石灰调节，堆置 2～3 小时使基质充分吸足水分。

基质要富含有机质和 N、P、K、Cu、Zn、B、Si、Ca、Mg 等元素，有效微生物活菌数 $\geq 0.5 \times 10^8$/克，不含重金属等有毒有害物质。

（五）基质装盘

1. 基质预湿　用于装盘的基质含水量不宜过大或过小，最适宜的含水量为 55%～60%，即用手紧握基质，有水印而不形成水滴。如果水分过大，要经晾晒后再用。如果水分过小，要适当喷水，喷水时要不断翻动基质，尽可能使水分均匀。

2. 装盘　将预湿好的基质装入穴盘中，穴面用刮板从穴盘的一方刮向另一方，使每个孔穴都装满基质，再用刮板或小棒轻敲几下，使基质装实，发现有小孔穴中基质不满时，将其填满，装盘后各个格室应能清晰可见。

3. 烧水、压穴　将装满基质的穴盘用喷壶浇水，也可利用软管加装细孔喷头浇水。喷水要均匀、浇透，以穴盘底部渗出水为宜。

根据穴盘规格制作压穴木钉板，木钉圆柱形，直径 0.8～1 厘米，高 1 厘米。也可直接用几只同规格空穴盘，重叠后在穴盘上压穴，用力均匀，穴深 1 厘米左右。不能过深或过浅。

（六）播种

每穴播一粒种子，如发现种子质量明显不好的播二粒。大田栽培育苗，每亩多播种 1～2 盘备用苗，用作补缺。

播种后再覆盖一层基质（如基质有结块，可先过筛后再用），多余基质用刮板刮去，使基质与穴盘格室相平。种子盖好后再用细孔喷头喷透水。然后将育苗盘整齐排放在苗床上，穴盘四周适当封土，一方面防止边缘失水太快，另一方面也可防止大风吹翻穴盘。

（七）苗期管理

1. 水分　秧苗生长期，应始终保持基质水分适宜，见干见湿。喷水量和喷水次数视育苗季节和秧苗大小而定，出苗至第一片真叶阶段要严格控制水分，浇水次数和水量不可过多，如果需要浇水，一般在晴天早上进行，若不干可隔 1～2 天浇一次水。当苗龄达到 3 叶时，可根据秧苗需水量逐步加大浇水量，晴天早上浇一次水，如果过干可在傍晚温度下降后再少浇一次小水。水分原则上掌握穴面基质发白即应补充水分，每次要喷匀喷透，畦边缘苗容易失水，可略增加水量。另外，阴雨天要控制浇水。

2. 温度　青花菜最适宜发芽温度为 20～25℃，苗期温度白天 18～22℃、夜晚 12～16℃。虽然育苗过程中由于受客观条件所限，很难达到最适温度，但可以通过大棚等设施尽可能创造最适宜温度条件。夏秋育苗通过只盖棚顶膜或遮阳棚，晴天上午 10 时至下午 3 时，棚顶盖遮阳网防暴雨、降温。冬春育苗以保温为主，采用"二膜一帘"，可安装地热线加温，提高温度。

3. 光照　青花菜对光照的要求并不十分严格，但在生长过程中喜欢充足的光照，光照足时植株生长健壮，能形成强大的营养体，有利于光合作用和养分的积累，因此苗期尽可能增加光照度和光照时间，夏秋高温期育苗，除了前期在晴天需在上午 10 时至下午 3 时盖遮阳网降温外，其他时间和阴雨天都要揭去遮阳网。冬春育苗，小棚上的草帘要早揭晚盖，阴雨天也应揭开，增加棚内光照。也可配以农用荧光灯、生物效应灯、弧光灯等补充光照。

4. 间苗补苗 在两片子叶展开时，及时间苗或补苗，保证每穴 1 株。补苗可用间出的苗或备用苗。移苗时用小竹片轻轻将苗挖出，尽可能多带基质，栽好后喷匀喷透水。

（八）壮苗标准

苗龄 25～30 天，应具有 5～6 片真叶，大小整齐一致，苗高15～20 厘米，节间短且均衡，根茎粗 0.3～0.5 厘米，茎秆粗壮、子叶完整、叶色浓绿、生长旺盛，根系将基质紧紧缠绕，形成完整根坨，拔苗不散坨，无黄叶，无病虫害，无机械损伤。

（九）病虫害防治

1. 主要病害 苗期主要病害有猝倒病、立枯病、霜霉病。病害防治方法：

（1）**播前消毒** 播种前做好种子、穴盘和育苗床消毒工作，预防猝倒病、立枯病等土传病害，以及由种子带毒传播的病害。

①种子消毒：播前用种子重量 0.4％的药剂如福美双、多菌灵、琥珀酸铜（DT）等拌种，闷 4 小时后播种。

②穴盘消毒：将穴盘放入稀释 100 倍液的漂白粉溶液中（即1 千克漂白粉加 99 千克水配制而成），浸泡 10～12 小时后晾干，备用。也可将清洗干净的穴盘放置在密闭的房间，按每立方米 4克硫磺粉加 8 克锯末的用量，点燃熏蒸，密闭一昼夜。

③苗床消毒：用 50％多菌灵可湿性粉剂 500 倍液或 50％甲基托布津可湿性粉剂 1 000 倍液喷洒床面，每亩苗床用药液 100千克。

（2）**药剂防治** 猝倒病、立枯病可用 50％多菌灵可湿性粉剂或 75％百菌清可湿性粉剂 500 倍液喷雾。霜霉病用 90％疫霜灵可湿性粉剂 800 倍液或 75％百菌清可湿性粉剂 600 倍液喷雾。

2. 主要虫害 苗期主要虫害有小菜蛾、菜青虫、夜蛾类、蚜虫。虫害防治方法：防虫网覆盖，封闭式管理；利用黄板诱蚜。小菜蛾、青虫、夜蛾类用 10％高效氯氰 3 000 倍液或青虫灵（BT）500 倍液、农地乐 2 000 倍液、5％抑太保乳油 1 500 倍液、1.8%阿维菌素 2 000 倍液喷雾。蚜虫用 10%吡虫啉可湿性粉剂 3 000 倍液喷雾。

第七节　青花菜主要病虫害及防治方法

一、主要病害及防治方法

（一）猝倒病

［症状］主要发生在幼苗出土后真叶尚未展开前这段时间。受害幼苗茎部出现水浸状病斑，然后绕茎扩展，病部缢缩呈线状，使地上部失去支撑能力，幼苗倒伏地面，造成成片死苗。

［病原及发病条件］病原为真菌属鞭毛菌亚门。主要在土壤中越冬，病菌在土壤中可长期存活，可通过雨水、流水、农具以及带菌堆肥传播蔓延。低温高湿、光照不足是诱发该病的主要原因。

［防治方法］①苗床选择地势高、土壤通透性好的田；播种前进行土壤消毒，如用 95%绿亨一号可湿性粉剂 3 000 倍浇洒苗床。②种子消毒。③加强苗期管理，及时间苗，调节温度和湿度，避免低温高湿情况出现。发现少量病苗时，及时拔除，撒施少量干细土或草木灰。④发病初期及时用药防治，可用 60%氟吗·锰锌可湿性粉剂、72.2%普力克水剂、15%绿亨一号水剂等 500～600 倍液交替防治。

（二）立枯病

［症状］立枯病不仅会在幼苗期发病，而且在成株期也会发生。发病初期根茎部变黑，数天后缢缩，潮湿时其上有白色霉状物。病情进展速度比猝倒病慢，染病数天后见叶片萎蔫、干枯，继而秧苗死亡。

［病原及发病条件］病原为立枯丝核菌，属半知菌亚门真菌。以菌丝体或菌核在土中越冬，病菌可存活 2～3 年。菌丝主要通过接触传染植株，使植株受土中病菌侵染。另外，通过水、种

子、农具、堆肥等可使该病传播蔓延。

[防治方法] ①种子和土壤消毒，参考猝倒病。②加强苗期管理，及时间苗、移苗。控制浇水量，避免苗床湿度过大。③发病初期用药防治，可用75％达科宁可湿性粉剂600倍液、75％代森锌可湿性粉剂500倍液、64％杀毒矾可湿性粉剂600倍液每隔7～10天交替防治1次。

（三）霜霉病

[症状] 该病从苗期到成株均易发生，主要危害叶片，也危害花梗、种荚。苗期在1片真叶开始茎叶发病，定植后从下部叶片开始发病，出现边缘不明显的黄色病斑，逐渐扩大，因受叶脉限制，病叶背面形成多角形黑色病斑，天气潮湿时出现白色霜霉，叶正面出现轮廓不明显的淡绿色病斑。危害花梗、种荚，造成畸形、弯曲和膨肿。若环境条件适宜，病情发展很快。

[病原及发病条件] 病原为霜霉菌芸薹属变种，为鞭毛菌亚门真菌。主要以卵孢子在病残体、土壤中越冬，次年萌发侵染春菜。发病后，在病斑上产生孢子囊进行再侵染。病菌还能以菌丝体在采种种株体内越冬，次年直接从采种株的病组织上长出孢子囊进行侵染。此外，病菌能以卵孢子附着在种子表皮上越冬，次年随种子播入田间侵染幼苗。春菜发病后，在被害的叶片、花梗、种荚等组织内，均可形成大量的卵孢子，这些卵孢子经1～2个月的休眠以后，当环境条件合适时又会萌发，成为当年秋菜的主要田间发病源。

温、湿度对霜霉病的发生和流行影响很大。孢子囊萌发的适宜温度为8～12℃，侵染最适宜温度为16℃左右，菌丝生长适宜温度为20～24℃。霜霉病发病最适温度为16～20℃，相对湿度90％以上。一般在多雨、重露、湿度大，阴晴不定，昼夜温差大，气温忽高忽低，最容易发生此病。

[防治方法] ①选用抗病品种，如里绿、优秀、久绿、圣绿、梅绿90等。②加强栽培管理，避免与十字花科蔬菜连作。苗期

控制好温、湿度，及时间苗，培育壮苗，提高抗病能力。菜田深翻晒土，多施腐熟有机肥。合理密植，及时摘除基部病叶，保持通风透光，降低田间湿度。③发现病害时喷药防治，可用瑞毒霉500～1 000倍液或50%农歌可湿性粉剂量率500倍液、64%杀毒矾可湿性粉剂500倍液、65%代森锌可湿性粉剂500倍液等，隔7～10天喷雾防治1次，连续防治2～3次。收获前20天禁止使用农药。

（四）黑腐病

[症状]苗期和生长期均可发生。发病多从叶缘和虫伤处开始，在叶缘部形成 V 形不正的黄褐色病斑，病斑处叶脉呈褐色或暗紫色网目状，引起叶片黄化和坏死。病菌能沿叶脉、叶柄发展，蔓延到茎和根部，致使茎和根部维管束变黑，以后内部干腐，形成空洞。也可侵害花球，形成黑色病斑。

[病原及发生条件]病原为甘蓝黑腐病黄单胞菌，属细菌性病害。病菌生长适温为 25～30℃，耐酸碱度范围 pH6.1～6.8。病菌主要来源于土壤中的病残体以及种子本身，从植株叶片边缘的水孔和伤口侵入，引起发病。在田间主要通过病株、肥料、风雨或农具等传播。气温在 25～30℃、相对湿度 90%以上、与十字花科连作、地势低洼、植株徒长或早衰、虫害多、暴风雨频繁等，容易发病。

[防治方法]①播种前进行种子消毒，用 55℃温汤浸种 15～20 分钟；也可用 45%代森铵水剂 300 倍液浸种 15～20 分钟，冲洗后凉干播种，或用 50%琥胶肥酸铜可湿性粉剂按种子重量的0.4%拌留。②尽可能不连作，与十字花科蔬菜实行 3 年以上轮作。③加强管理，防止田间积水，追肥培土时避免伤叶断根，注意虫害防治，减少伤口。④发病初期可用农用链霉素稀释至 200单位或新植霉素可溶性粉剂 200 毫克/千克、30%万克 500 倍液、60%百菌通 600 倍液、80%必备 500～600 倍、47%加瑞农 800倍喷雾，每隔 7～10 天喷 1 次，连续喷 3～4 次。

（五）病毒病

[症状] 幼苗受病时，叶片产生褪绿圆斑，后期叶片显淡绿色与黄绿色斑驳和皱缩，严重时心叶畸形。成株染病，除嫩叶出现浓淡不均的斑驳外，老叶背面也生有黑色坏死斑。病株比健壮株发育缓慢，结球晚且松。

[病原及发生条件] 该病主要由芜菁花叶病毒、黄瓜花叶病毒、烟草花叶病毒和花椰菜花叶病毒4种病毒单独或复合侵染所致。青花菜病毒病主要是由芜菁花叶病毒引起，病毒在十字花科蔬菜等寄主体内越冬，翌年春季由蚜虫把毒源从越冬寄主上传到青花菜等十字花科蔬菜上，再经夏季的花菜、甘蓝等传到秋季蔬菜上，引起第二年甘蓝类蔬菜发病。病毒病由蚜虫和汁液接触传染，田间传播的介质主要是蚜虫，因此在蚜虫多以及管理粗放、高温干旱、发根不良时易重发。

[防治方法] ①选用抗病品种，播种前种子经58℃干热处理48小时。②选择适宜播种期，躲过高温及蚜虫猖獗季节。③培育壮苗，移栽时起苗要多带土少伤根，加强肥水管理，增强植株抗病力。蚜虫是传毒的主要媒介，尤其苗期防好蚜虫至关重要。发现病株及时拔除，深埋或烧毁。④发病初期可用1.5%植病灵1 000倍液或20%病毒A500倍液、20%菌毒清水剂500倍液喷雾，有一定防治效果。

（六）软腐病

[症状] 该病为细菌性病害。一般在生长中后期开始出现病株，特别是花球形成期间常见到有些植株老叶发黄、萎垂，细看茎部出现湿润、溃烂。叶片在中午烈日下表现萎垂，但早晚可恢复。反复数天后委垂的叶片不再能恢复。发病严重时，近地面的根茎部完全腐烂，充满灰黄色黏稠物，并有恶臭味（有别于黑腐病）。干燥时，病烂的叶片失水干枯，状如薄纸。

[病原及发生条件] 由胡萝卜软腐欧文氏菌、胡萝卜软腐致病型引起，属于细菌。此菌在4～36℃之间都能正常生长发育，

最适宜温度为 27～30℃，最高 40℃，最低 2℃，致死温度 50℃
经 10 分钟。耐酸碱度范围 pH5.3～9.2，最适 pH7.2。不耐光
或干燥，在日光下暴晒 2 小时，大部分死亡。该菌在种子上或病
残体内越冬。根或植株下部叶片伤口是病菌侵入的主要途径。在
台风或大雨之后易造成伤口，雨水不利于伤口愈合，更利于病菌
侵染。

[防治方法] ①选用抗病品种，可用种子重量 1.5％的农抗
751 等拌种。②不与十字花科蔬菜连作，选择地势高燥、排水良
好的田块，及早耕翻晒垡，定植田多施腐熟有机肥，改善土壤条
件，作成高畦。③加强田间管理，灌水均匀，促进植株健壮生
长。彻底治虫，田间操作，尽量避免造成伤口。发现病株，及早
拔除，并用石灰进行消毒。④发病初期可用 14％络氨铜水剂 350
倍液、75％百菌清可湿性粉剂 600 倍液、农用链霉素 200 单位、
新植霉素 4 000 倍液等，交替喷施防治。一般 7 天左右喷 1 次，
连喷 2～3 次。

(七) 根肿病

[症状] 主要危害根部，形成数目和大小不等的肿瘤。初期
表光滑，逐渐变粗糙并龟裂，因为有其他杂菌混生而使仲瘤腐烂
变臭。因根部受害，植株地上部明显矮小，叶片由下而上逐渐发
黄萎蔫，开始时晚上能恢复，慢慢发展成永久性萎缩而至植株
枯死。

[病原及发生条件] 该病为真菌性病害，为真菌属鞭毛菌亚
门。能在土中存活 7 年，通过土壤、肥料、农具及种子传播。土
壤偏酸（pH7.2 以下）、土壤相对含水量 70％～90％、气温 19～
25℃时有利于发病。

[防治方法] ①与非十字花科蔬菜实行 3 年以上轮作。②适
当增施石灰降低土壤酸度。增施腐熟有机肥，于避免过量施用化
肥。③搞好田间灌排设施，特别是低洼地、雨水多时，要及时排
水。④发现病株及时拔除，并用石灰消毒。也可用 40％五氯硝

基苯粉剂每亩 2.5 千克拌细土 100 千克，结合整地条施或穴施。⑤发病初期可用 40%五氯硝基苯粉剂 500 倍液或 50%多菌灵可湿性粉剂 500 倍液、50%托布津 500 倍液在定植时浇入定植穴内，或发病初期喷根或灌根，每株 0.3～0.5 千克。

（八）菌核病

[症状] 主要危害主茎和花球。受害部初期出现水浸状暗绿色不规则病斑，病斑逐渐扩展，随后病部产生白色或灰白色棉絮状菌丝体，并形成鼠粪状菌核，菌核表面黑色，内部白色。

[病原及发生条件] 由核盘菌侵染所致，属子囊菌亚门核盘菌真菌。以菌核在土壤中或混杂在种子里越冬或越夏。在播种时随着种子带入田间，在温度 5～20℃和吸足水分时，菌核萌发产生子囊盘，弹放出子囊孢子，通过气流、流动水传播。在我国南方菌核萌发多在 2～4 月及 10～12 月，子囊孢子不能侵染健壮的叶和茎，但极易侵染衰老的组织，田间的重复侵染主要是通过病健植株或组织接触。一般排水不良、通透性差的田发病重。

[防治方法] ①选用无病种子及种子处理，如播种前用 10%的盐水选种，除去上浮菌核，选得的种子还要再用清水洗几次后再播种。②进行水旱轮作，对前茬作物的病残体彻底清除干净，深翻土壤，采用高畦。③加强管理，切忌偏施氮肥，雨后及时排水。④发病初期用 50%扑海因胶悬剂 1 500 倍液或 50%退菌特可湿性粉剂 2 000 倍液、50%速克灵可湿性粉剂 1 500 倍液，隔 10 天喷施 1 次。

（九）黑斑病

[症状] 主要危害叶片、花球和种荚。叶片染病，形成近黑色圆形，具同心轮纹状病斑，直径 1～10 毫米，轮纹不明显，但病斑上有黑色霉状物，潮湿环境下更明显。叶片上病斑多时，常融合成大病斑，使叶片变黄早枯。花梗上病斑呈纵条形，上生黑色霉状物。

[病原及发生条件] 病原为芸薹生链格孢，属半知菌亚门真

菌。病菌在病残体上、采种株及土壤里越冬。条件适宜时，侵染青花菜。青花菜发病后，病部产生的分生孢子借风雨传播后，再侵染。黑斑病一般在高温、高湿条件下发病最盛；在生长后期，肥力不足、生长势弱、连续阴雨天气时，发病较重。

[防治方法] ①不与十字花科蔬菜连作。增施有机肥，注意氮、磷、钾配合施用。②加强田间管理，及时摘除病叶、病株，减少菌源。收获后及时清洁田园。③发病初期可用 43％好力克胶悬剂 5 000 倍液或 75％达科宁可湿性粉剂 600 倍液、50％扑海因可湿性粉剂 1 000～1 500 倍液喷雾。

(十) 细菌性黑斑病

[症状] 青花菜叶片、茎、花梗、种荚均可染病。叶片发病，初生大量具淡褐色至紫色边缘的小斑，小斑直径最大可达 4 毫米，当坏死小斑融合后形成大的不规则大斑，直径可达 2 厘米，病斑最初大量出现在叶背面。湿度大时，形成褐色至深褐色油渍状斑点。初期外叶发生多，后波及内叶。茎和花梗染病，最初产生油渍状小斑点，后变成紫黑色条斑，荚上病斑圆形或不规则。

[病原及发生条件] 该病为细菌性病害。病菌主要在种子、土壤及病残体上越冬，在土壤中可存活 1 年以上，主要在莲座期至结球期侵染危害。严重缺肥、氮肥过多、地势低洼、田间湿度过大以及台风暴雨过后，会加重发病。

[防治方法] ①播种前进行种子消毒，用 45％代森铵水剂 300 倍液浸种 15～20 分钟，冲洗后凉干播种；也可用 50％琥胶肥酸铜可湿性粉剂按种子重量的 0.4％拌种。②与十字花科蔬菜实行 3 年以上轮作。③加强管理，防止田间积水，追肥培土时避免伤叶断根，减少伤口，发现病株及时清除。④发病初期用农用链霉素稀释至 200 单位或 30％万克 500 倍液、60％百菌通 600 倍液、80％必备 500～600 倍、47％加瑞农 800 倍喷雾防治。

(十一) 灰霉病

[症状] 幼苗发病呈水渍状腐烂，上面着生灰色霉层。成株

染病，多从下部叶片始发，初呈水渍状，湿度大时，病部扩大，呈褐色，后软腐并遍生灰色霉状物，后期病部产生黑色小粒点。

[病原及发生条件] 病原为灰葡萄孢，属半知菌亚门真菌。病菌主要以菌核随病残体在地上越冬。翌年春季环境适宜后，菌核萌发产生菌丝，菌丝上长出分生孢子梗及分生孢子。分生孢子借气流、雨水、农具等传播。腐烂的病荚、病叶等在落在健部即可发病。20℃左右、相对湿度90％以上，易发生此病。另外，在栽培密度过大、植株长势弱时也容易发病。

[防治方法] ①播种前对苗床进行消毒，可用95％绿亨一号可湿性粉剂3 000倍液浇洒苗床。②苗期要控制苗床内湿度，及时间苗。用大棚栽培的，要严密注视棚内温湿度，及时通风降低棚内湿度。③发病初期用50％农利灵水分散粒剂1 200倍液或43％好力克胶悬剂5 000倍液、50％扑海因可湿性粉剂1 000～1 500倍液，隔7～10天喷1次。

（十二）黑根病

[症状] 黑根病又称黑胫病、根朽病。苗期、成株均可受害。病菌主要侵染幼苗根茎部，形成黑紫色条形斑，潮湿时其上生白色霉状物。茎基溃疡严重的，数天内病株萎蔫、干枯，继而死亡。成株染病，叶片上产生不规则至多角形灰白色大病斑，上生许多小黑点，发病严重的病株，剖开病茎，维管束变黑。

[病原及发生条件] 由立枯丝核菌引起，属半知菌亚门真菌。以菌丝体或菌核在种子、病残体、土壤或十字花科种株中越冬。菌丝体在土中可存活2～3年，菌核萌发后产生菌丝，与植株受害部位接触后直接侵入致病。菌丝生长适宜的温度是20～30℃。在田间主要靠雨水、农具、肥料等传播。田间湿度大、雨后高温，有利于发生此病。

[防治方法] ①苗床选择地势较高、排水良好的地方，床土选用无病新土或进行土壤消毒。消毒方法可参考前面部分。②发病初期用75％达科宁可湿性粉剂600倍液或64％杀毒矾可湿性

粉剂 600 倍液、50％使百功可湿性粉剂 1 500 倍液喷雾防治。

二、主要虫害及防治方法

(一) 蚜虫

［危害特点］以成虫及若虫在叶背上吸食植株汁液，造成叶片叶缘向后卷曲，叶片皱缩变形，植株生长不良，甚至最后全株死亡。危害留种株的嫩茎、花梗和嫩荚，使花梗扭曲畸形，不能正常抽薹、开花、结实。此外，蚜虫传播多种病毒病，造成的损失远远大于蚜害本身。

［形态特征］危害青花菜的蚜虫有萝卜蚜、桃蚜和甘蓝蚜，蚜虫体很小，又分有翅和无翅两种。

有翅雌蚜：萝卜蚜体长 1.6～1.8 毫米，头、胸黑色，腹部绿色。第一、二节背面及腹管后各有 2 条淡黑色横带，腹管前两侧具黑斑。桃蚜头、胸黑色，腹部淡色。腹部第 4～6 节背中融合为一块大斑。第八节背中有 1 对小突起。甘蓝蚜体长 2.2 毫米，头、胸部黑色，腹部黄绿色，有数条不很明显的暗绿色横带，两侧各有 5 个黑点，全身覆有明显的白色蜡粉。腹管很短，中部稍膨大。

无翅雌蚜：萝卜蚜体长 2.3 毫米，宽 1.3 毫米，绿色或黑绿色，被薄粉。表皮粗糙，有菱形网纹。腹管长筒形，顶端收缩。桃蚜体长 2.6 毫米，宽 1.1 毫米。体淡色，头部深色，体表粗糙，背中域光滑，第 7、8 腹节有网纹。腹管长筒形，端部黑色。尾片黑褐色，圆锥形，有曲毛 6～7 根。甘蓝蚜体长 2.5 毫米，全身暗绿色，有明显的白色蜡粉。腹管短于尾片，尾片近似等边三角形，两侧各有 2～3 根长毛。

［发生规律］蚜虫在北方一年发生 10～20 余代，南方可发生 30 多代，温室内可终年繁殖危害。以无翅胎生雌蚜在风障、温室作物上越冬，或以卵在杂草、蔬菜上越冬。翌年 3～4 月产生有翅蚜，迁飞至作物上继续胎生繁殖，扩大危害。最有利于蚜虫

发生的温度为 20～25℃，适宜的相对湿度为 75％。每年春秋两季出现危害高峰，雨水多对蚜虫发生不利。

蚜虫对黄色、橙色有强烈趋性，绿色次之，对银灰色有负趋性，可利用此特点，研究蚜虫迁飞、扩散情况以及防治。

[防治方法] ①苗床用银灰色遮阳网覆盖，或在苗床四周悬挂银灰色薄膜避蚜。②定植田用银灰色地膜，发生初期，在田里放置黄板（12 厘米×12 厘米），黄板上涂上机油，每亩放置 7～8 块，黄板高出植株 20～30 厘米。③药剂防治可用 20％康福多浓水剂 5 000 倍液或 70％灭蚜松 2 500 倍液、10％吡虫啉 3 000 倍液、速灭杀丁 2 000 倍液等喷雾。

（二）菜粉蝶

[危害特点] 成虫又名菜白蝶、白粉蝶，幼虫称菜青虫。咀嚼式口器害虫，以幼虫咬食叶片危害，2 龄幼虫在叶背啃食叶肉，残留一层透明的表皮；3 龄以后吃叶成孔洞和缺刻，严重时只残留叶柄和叶脉，同时排出大量虫粪，污染花球，降低商品价值。同时，虫口也易引起软腐病、黑腐病等病害发生。

[形态特征] 属鳞翅目粉蝶科。成虫体长 12～20 毫米，翅展45～55 毫米，体灰黑色，前后翅均为粉白色，雌蝶前翅有 2 个显著的黑色圆斑，1 个位于中室的外方，1 个接近后缘处。雄蝶仅有 1 个显著的黑斑，雄蝶翅色较白，基部黑色部分较小。卵为瓶状，顶端稍尖，大小 1 毫米×0.4 毫米，初产时淡黄色，后变橙色，卵产后，直立在叶片上。幼虫体青绿色，背线淡黄色，腹面绿白色，体表密布细小黑色毛瘤，上生细小毛，沿气门线有黄斑，共 5 龄。蛹长 18～21 毫米，纺锤形，中间膨大而有棱角状突起。蛹色为绿色或棕褐色。

[发生规律] 各地发生代数、历期不同。北方 4～5 代，长江流域 6～7 代，南方 8～9 代。以蛹在菜地附近的墙壁屋檐下或篱笆、树干、杂草残体等处向阳面越冬。翌春 4 月开始陆续羽化，以晴暖中午活动最旺盛。卵散产，平均每雌产卵 120 粒左右。卵

发育起点温度 8.4℃，发育历期 4～8 天；幼虫发育起点温度 6℃，发育历期 11～22 天；蛹发育起点温度 7℃，发育历期（越冬蛹除外）5～16 天。

菜青虫发育的最适温度为 20～25℃，相对湿度 76％左右。成虫只在白天活动，晚上栖息在生长较茂密的植物上。在早晨露水干后开始活动，以晴暖中午活动最旺盛，经常出现在开花植物上吸食蜜和产卵。成虫产卵对芥子油有趋性，芥子油为十字花科作物所特有，因此在十字花科作物上产卵最多。幼虫行动迟缓，但老熟幼虫能爬行很远寻找化蛹场所。

[防治方法] ①清洁田园，消灭菜地残株败叶上的虫口。②苗床加盖防虫网，防止成虫在幼苗上产卵。③生物防治在低龄幼虫期，可用 B·t 可湿性粉剂 500～800 倍或青虫菌粉（每克含芽孢 100 亿）1 千克加水 1 200～1 500 千克进行防治。④药剂防治可用 5％锐劲特 1 500 倍液或 20％杀灭菊酯乳油 2 000 倍液、5％抑太保 4 000 倍液、5％卡死克 1 500 倍液等防治。

（三）小菜蛾

[危害特点] 小菜蛾又叫菜蛾，以幼虫进行危害。初龄幼虫啃食叶肉，在菜叶上造成许多透明斑块。3 龄以后能把菜叶食成孔洞，严重时把叶肉吃光，叶面呈网状或仅留叶脉。幼虫有集中危害菜心的习性。

[形态特征] 该虫为鳞翅目菜蛾科。成虫为灰褐色小蛾，体长 6～7 毫米，翅展 12～15 毫米。头部黄白色，胸腹部灰褐色，前后翅狭长。卵扁平，椭圆形，0.5 毫米×0.3 毫米。黄绿色，表面光滑，具闪光。老熟幼虫体长 10 毫米左右，黄绿色，体节明显，两头尖细，腹部第 4、5 节膨大，故整个虫体呈纺锤状。

[发生规律] 长江及其以南地区无越冬越夏现象，以每年5～6 月、9～10 出现 2 个危害高峰。北方以蛹越冬，翌春 5 月羽化，成虫昼伏夜出，白天隐藏在植株的荫蔽处，只有受惊吓时，才在株间会短距离飞行。成虫产卵期可达 10 天，多产于叶背脉间凹

处，卵期 3～11 天。幼虫共 4 龄，幼虫期 12～27 天。老熟幼虫在叶脉附近结茧化蛹，蛹期约 9 天。1～2 龄幼虫取食少，潜入叶肉取食，不易被发现。3～4 龄幼虫多在叶背或心叶取食，将叶片吃成孔洞和缺刻，严重时仅留下叶脉。幼虫对食物质量要求不高，取食老、黄叶也能完成其发育，残株败叶上往往有许多幼虫，因此清洁田园很重要。幼虫活跃，遇惊动扭动身体、倒退、吐丝下垂，俗称"吊死鬼"。小菜蛾发生发生与气候、环境及当地蔬菜栽培的栽培管理技术和制度有密切关系，当十字花科蔬菜种植面积大，且复种指数高，全年小菜蛾发生就会严重。

［防治方法］①清洁田园是防治小菜蛾等害虫十分有效的方法。②用黑光灯在成虫发生期诱杀，每 10 亩地设置一盏灯。③利用性诱剂诱杀雄成虫，减少雌成虫的生殖机会，每亩放 4～5 个点。④生物药剂防治可用杀螟杆菌 800～1 000 倍液或苏云金杆菌 500～800 倍液进行防治。⑤药剂防治可用 5％锐劲特 1 500 倍液或 5％抑太保 4 000 倍液、5％卡死克 1 500 倍液等防治。

（四）斜纹夜蛾

［危害特点］斜纹夜蛾是杂食性害虫，以幼虫危害叶片、花蕾、花及果实。初孵幼虫群聚咬食叶肉，2 龄后渐分散，仅食叶肉，4 龄后进入暴食期，食叶成孔洞、缺刻，大发生时可将全田作物吃光。

［形态特征］该虫属鳞翅目夜蛾科，成虫体长 14～20 毫米，翅展 35～40 毫米。头、胸、腹均呈深褐色。前翅灰褐色，斑纹复杂，内横经及外横线灰白色，波浪形，中间有白色条纹，在环状纹与肾状纹间，自前缘向后缘外方有 3 条白色斜纹，故名斜纹夜蛾。卵呈扁半球形，直径 0.4 毫米左右，初产时呈黄白色，后转淡绿，孵化前为紫黑色。卵成块状，卵块外覆灰黄色疏松的绒毛，平均卵量 580 粒左右，高的可达 1 000 粒以上。老熟幼虫体长 35～47 毫米，头部黑褐色，休色因寄主和虫口密度不同而异，常为土色、青黄色、灰褐色、暗绿色等。胸足近黑色，腹足暗褐

色。蛹长约 15～20 毫米，赤褐色。

[发生规律] 一年发生多代，华南地区可全年发生，华北4～5代，长江流域5～6代，多在7～8月大发生。成虫夜间活动，飞翔能力很强，一次可飞数十米远，飞翔时具有一定群集性，有趋光性，并对糖、醋、酒液及发酵的胡萝卜、豆饼、牛粪等有趋性。成虫一生可多次交配，卵期一般2～4天。卵多产在植株生长较高大、茂密、浓绿的边际作物上。初孵幼虫群集于卵块四周取食，3龄前仅食叶肉，留上表皮及叶脉，呈现白色纱孔状斑，后转黄。4龄以后进入暴食期，其食量占总食量的80%。幼虫有假死性，遇惊动即卷曲下坠，畏强光，多在傍晚出来危害。幼虫期共6龄，发育时间12～27天。老熟幼虫在1～3厘米深表土内化蛹，土壤含水量在20%时，有利于化蛹和羽化；土壤板结时，多在枯叶下化蛹。蛹期8～12天。

[防治方法] ①及时做好园田卫生，播前翻耕晒土灭茬，在耕翻前用灭生性除草剂杀死所有杂草使甜菜夜蛾失去食物来源，可消灭绝大多数虫源。结合农事操作人工摘除卵块或捏杀群集危害的幼虫。②利用趋光性，用黑光灯或频震式诱蛾灯诱杀成虫，或用胡萝卜、甘薯等发酵液加少许糖、敌百虫进行诱杀。③药剂防治在3龄以前（抗药性最弱）及早进行，在发生期数天检查一次，可选用15%杜邦安打胶悬剂3 500倍液或24%美满2 500倍、5%抑太保1 000倍，均匀喷雾，兼治甜菜夜蛾、菜螟。上述农药时要交替使用，注意安全间隔期。应选择上午8时以前或下午6时以后害虫正在菜叶表面活动时用药，效果最佳，一般阳光强、温度高时不宜用药。同时，喷药要均匀细致，做到上翻下扣，四面打透。

（五）甜菜夜蛾

[危害特点] 甜菜夜蛾是杂食性害虫，初孵幼虫群集叶背，吐丝结网，在其内取食叶肉，留下表皮，成透明的小孔。3龄后可将叶片吃成孔洞或缺刻，严重时仅留叶脉和叶柄。

[形态特征] 该虫属鳞翅目夜蛾科，成虫体长 8～10 毫米，翅展 19～25 毫米。灰褐色，头、胸有黑点。前翅灰褐色，基线仅前段可见双黑纹。内横线双线黑色，波浪形外斜。剑纹为一黑条。环纹粉黄色，黑边。后翅白色，翅脉及缘线黑褐色。卵圆球形，白色，成块产于叶面或叶背，外面覆有雌蛾脱落的白色绒毛。老熟幼虫体长约 22 毫米左右，体色变化很大，由绿色、暗绿色、黄褐色至黑褐色。各节气门后上方具有一明显的白点，腹部气门下线为黄白色纵带，有时带粉红色，此带直达腹末，但不弯到臀足。蛹体长约 10 毫米，黄褐色。

[发生规律] 一年发生 4～6 代，以蛹在土室内越冬，成虫夜间活动，最适宜温度 20～23℃，相对湿度 50%～75%，成虫白天藏在杂草及植物茎叶的浓荫处，有趋光性，成虫产卵期 3～5 天，每雌产卵 100～600 粒，幼虫共 5～6 龄，1～3 龄食量较小，4 龄后食量加大，4～5 龄进入暴食期，3～4 天内取食量占整个幼虫期的 80%～90%。3 龄前幼虫群集危害，4 龄后幼虫昼伏夜出，有假死性，虫口过大时，幼虫会自相残杀。该虫是一种间歇性大发生的害虫，不同年份发生量差异很大，一年之中以 8～9 月发生最重。幼虫老熟后，在土表下 5～10 厘米处作椭圆形土室化蛹，也可在土表及杂草地化蛹，化蛹时常避开湿度过大的场所。甜菜夜蛾完成一代约需 22～30 天（在 25～30℃条件下）。

[防治方法] ①及时做好园田卫生，播前翻耕晒土灭茬，耕翻前用灭生性除草剂杀死所有杂草，使甜菜夜蛾失去食物来源，可消灭绝大多数虫源。清除田间杂草，人工摘除卵块或捏杀群集危害的幼虫。②采用黑光灯或频震式诱蛾灯诱杀成虫。③药剂防治在卵孵高峰至幼虫蚁龄高峰期进行，可选用 24% 美满 2 500 倍或 15% 安打 3 500 倍、5% 抑太保 1 000 倍、5% 卡死克乳剂 1 500 倍液，均匀喷雾。

(六) 黄曲条跳甲

[危害特点] 又叫黄条跳甲，俗称狗蚤虫、跳蚤虫、地蹦子

等。成虫食叶危害，以幼苗期危害最重，刚出土的小苗往往被吃光，造成缺苗。幼虫在土内危害根部，咬食根皮，咬出许多弯曲虫道；或咬断须根，使叶片萎蔫枯死。此外，成虫和幼虫还可造成伤口，传播软腐病。

[形态特征] 属于鞘翅目叶甲科，成虫体长 1.8～2.4 毫米，为黑色小甲虫，鞘翅上各有 1 条黄色纵斑，中部狭而弯曲。后足腿节膨大，胫节、跗节黄褐色。卵长约 0.3 毫米，椭圆形，淡黄色，半透明。老熟幼虫体长 4 毫米，长工圆筒形，黄白色，各节有不显著突起。蛹长约 2 毫米，椭圆形，白色。

[发生规律] 每年发生数代，华北地区 4～5 代，长江流域 5～6 代，南方地区 7～8 代。以成虫在落叶、杂草中越冬。翌春气温达到 10℃ 以上开始活动、取食。成虫善于跳跃，高温时还能飞翔，一般中午前后活动最盛。成虫有趋光性，对黑光灯敏感，寿命长，产卵期长达 30～45 天，致使发生不整齐、世代重叠。卵散产于植株周围湿润的土隙中或细根上。幼虫在土中孵化、取食、发育、化蛹，成虫出土危害叶片。每头雌虫平均产卵 200 粒左右。卵孵化需要较高的湿度，卵期 3～9 天，幼虫期 11～16 天，共 3 龄，生活于土中，老熟幼虫在土中 3～7 厘米深处筑土室化蛹。

该虫发生的轻重与茬口连作有关，连作地最重，十字花科作物连作地次之，与非十字花科蔬菜轮作地较轻。另外，旱地连作较重，水旱轮作较轻。

[防治方法] ①清园灭虫，清除菜园残株落叶，铲除杂草，消灭其越冬场所和食料植物，以减少虫源。②播种前深耕晒土，造成不利于幼虫生活的环境条件，还可消灭部分虫蛹。③土壤处理，播种前用 18.1% 富锐 3 000 倍喷苗床，每亩用药量 100 千克，以杀死土中的幼虫。④药剂防治，菜苗出土后立即进行调查，发现有虫可用 18.1% 富锐 3 000 倍液或 5% 锐劲特胶悬剂 2 500倍液、52.5% 农地乐乳剂 1 500 倍液喷施。发现根部有幼

虫危害时，还可用 5％毒死蜱颗粒剂 2～3 千克/亩拌细土 5 千克均匀措施根部。

（七）菜螟

[危害特点] 别名钻心虫、食心虫。幼虫为钻蛀性害虫，危害幼苗心叶及叶片，受害苗因生长点被咬而停止生长，导致萎蔫死亡，或从叶腋发出分枝。春秋季均有发生，以秋季发生危害较重。

[形态特征] 属鳞翅目螟蛾科。成虫体长 7 毫米，翅展 15～20 毫米，灰褐色。前翅有 3 条白色横波纹，中央有深褐色肾形斑，镶有白边；后翅灰白色，外缘稍带褐色。卵椭圆形，扁平，表面有不规则网纹，初为淡黄色，发后渐现红色斑点，孵化前变橙黄色。老熟幼虫体长 12～14 毫米，头部黑色，胴体淡黄色，前胸背板黄褐色。蛹体长约 7 毫米，黄褐色。

[发生规律] 在北方地区一年发生 3～4 代，长江流域 6～7 代，南方地区 8～9 代。一般在 8～10 月危害严重。以老熟幼虫在避风向阳、温暖的土里吐丝，结合泥土、枯叶做成蓑状丝囊越冬。翌春在土中化蛹，有时也在地面残株落叶中化蛹。成虫白天潜伏叶下，夜间出来活动，趋光性不强，飞翔能力弱。卵散产在叶片上，以心叶最多。每雌蛾平均产卵 200 粒左右。卵发育历期 2～5 天。幼虫孵出后潜叶危害，形成小的袋状隧道，隧道宽短，不太引人注意；2 龄以后钻出叶面，在叶上活动；3 龄后多钻入菜心吐丝，将心叶结成一团，在内危害心叶基部，使心叶枯死不能再抽出心叶；4～5 龄幼虫可由心叶或叶柄蛀入茎髓或根部，蛀孔显著，孔外缀有细丝，并有许多潮湿的淡黄绿色粪便。受害株枯死或叶柄腐烂。幼虫可转株危害 4～5 株。幼虫 5 龄老熟，在菜根附近土中化蛹。幼虫发育历期 9～16 天，蛹期 4～19 天。此虫喜高温低湿环境，气温低于 20℃、湿度超过 75％，幼虫会大量死亡。

[防治方法] ①耕翻土地可消灭一部分在表土和枯叶残株上

的越冬幼虫。②合理安排播种期，使苗期避开菜螟盛发期。由于幼虫在菜根附近土中化蛹及成虫飞翔能力不强，因此尽可能避免连作。③药剂防治可用5％锐劲特胶悬剂1 500倍液或50％二嗪农乳油1 000～1 500倍液、25％杀螟丹可湿性粉剂800倍液等防治。由于此虫是钻柱性害虫，喷药必须在成虫盛期和幼虫卵化期进行。

第八节　青花菜贮藏与加工

一、贮　　藏

青花菜的食用部分为幼嫩的花茎、花薹和花蕾。花球采收以后，极易衰老变质，这主要是因为采后的花球呼吸代谢作用十分旺盛，在25℃下，青花菜的呼吸强度为花椰菜的6.3～6.7倍，在室温条件下（20～25℃）经1～2天花球就会失绿转黄，并失水萎蔫，失去商品价值。而呼吸代谢旺盛程度又受外界温度和湿度影响很大。据测定，青花菜的呼吸强度在25℃时比0℃时增加30～40倍，花球在室温下可保鲜1～2天，而在0～5℃的低温下可保鲜7天左右。所以，青花菜采收后应及时处理或销售，切忌存放时间过长。如果大面积栽培，最好建立0～5℃低温冷库用于花球贮藏。采收花球时花茎留长一点，并带几片叶割下，以保护花球。如需暂时贮存，0℃为贮藏适温，但贮存过程中叶绿素会被氧化分解。因此，可用水焯后冷藏，既保持了色泽翠绿，食用时又方便，这样可以贮藏4天左右不变色。如贮藏时间较长，最好先预冷，特别是在气温较高的季节采收，外界温度较高，不仅要在上午清晨进行采收，以降低花球温度，同时收获的花球要尽快放入－15℃冷库预冷3～5小时，使花球温度降到0～5℃。没有条件的可用冷水或碎冰冷却，将花球降温至1℃左右。预冷后装筐，花球自然摆放，最上层低于筐沿。然后贮藏在0～1℃密闭冷库里，贮藏时保持库内相对湿度达90％～95％。贮藏期间应注意适时通风换气，或在顶层留出空间放置乙烯吸收剂，这样能贮藏一个多月时间，保鲜保绿效果良好，好花球率在90%以上。

根据相关研究，利用保鲜膜包装花球不但能减少水分蒸发，同时也降低了呼吸强度，达到延长保鲜时间的效果。因此，在预冷后放入冷库前，可先用聚乙烯薄膜单花球包装，必要时在袋上打2个小孔。

如果采收花球数量很大，用聚乙烯薄膜单花球包装贮藏困难时，也可用塑料薄膜大帐进行气调贮藏。具体做法：将青花菜装进板条箱，每箱装10千克左右，不能装满，防止压伤，将箱堆码成垛；也可用0.5%漂白粉液反复擦洗干净的菜架摆放花球。先在垛或架底铺上大块塑料薄膜作底层，散开堆放青花菜，罩上厚0.07毫米的聚乙烯帐，再把大帐底边与垛或架底层塑料薄膜紧紧地卷在一起，并压紧，将口扎紧，堵塞通气孔，使整个大帐完全密封。每隔2天测一次帐内的气体成分。青花菜气调贮藏对气体成分的要求：氧气1%，二氧化碳10%。如果二氧化碳含量超过10%、氧气含量在0.25%以下，则会产生异味；如二氧化碳含量超过10%时，需向帐底撒入消石灰进行调节，贮藏期间要尽量减少开帐次数。花球释放乙烯较多，在封闭帐内放适量高锰酸钾载体（每10千克青花菜放0.5千克高锰酸钾）可吸附乙烯，防止乙烯的催熟作用，也防止蛋白质被破坏。高锰酸钾载体的做法是：将建筑用的泡沫砖砸碎成拇指大小的块，放在高锰酸钾饱和溶液中浸透，晾干备用。塑料薄膜大帐一般设在通风贮藏库内，贮藏期间的管理应视外界气温的变化而定，要尽量保持贮藏室内温度恒定，使塑料帐内不出现或少形成凝结水，否则易导致花球腐烂。如果库温控制在0~3℃，氧和二氧化碳浓度分别为1%和10%，同时使用高锰酸钾载体，贮藏青花菜30~50天，保鲜保绿效果依然很好。

二、加　工

(一) 保鲜青花菜

保鲜青花菜是指把收获的花球洗净后进行挑选、分级、整理、包装，直接出口。出口青花菜质量要求较高，除了符合出口国食品安全质量要求外，还要求球形外观美观、花球紧实、花蕾细致均匀、色泽一致、无异色斑、球茎部无空心、无病害、无虫害、无畸形、无机械损伤、无变质，花球也不易过大或过小。一般保鲜出口的青花菜按大小可分为三级：S 级，花球直径 10～11厘米，花茎长 13 厘米；M 级，花球直径 11～12 厘米，花茎长14 厘米；L 级，花球直径 13～15 厘米，花茎长 16 厘米。

采收：青花菜适收期较短，耐贮性也较差，特别是在气温较高的季节采收，小花蕾会迅速黄化，花球失去商品价值，必须根据品种特性适时采收。当主花球已充分长大、花蕾尚未开散、花球紧实时，采收过早影响产量，采收过迟花球松散，花蕾变黄，失去商品性。每天采收的时间要在上午 9 时之前结束，采收工具要使用不锈钢刀具，从花球顶部往下 16 厘米处，连同 6～7片叶片一起割下，割下的花球不能放在阳光下，要迅速移放在荫处，等待装箱。花球装箱时应注意保护花球，装箱不可过满，以免挤压损伤花球。采收后的花球由于出现机械伤口，呼吸强度会急剧升高，造成体内物质消耗速度加快，应立即运往加工场预冷。有条件的应使用冷藏车或保温车运输，做到随收随运，尽量减少在田间停留的时间。

预冷：采收后的花球应尽快预冷，可以直接将花球放入冷库，也可用水或冰预冷。水预冷是较适合青花菜的预冷方法，无论采用淋水还是浸水的方法，都应保持水温在 1℃左右，当茎中心温度达到 2℃时取出，进行加工处理。

分级修整：修整加工时也应使用不锈钢刀具，按外销标准的要求，剔除过大和过小以及不符合出口要求的花球。根据花球大小按 S 级、M 级和 L 级分级。茎上的叶柄应切平。

包装：修整加工后的青花菜装入 50 厘米×50 厘米×29 厘米的钙塑箱中。分 3 层摆放，S 级每层约放 12 个，每箱装 36 个；M 级每层放 10 个，每箱装 30 个；L 级每层放 8 个，每箱装 24 个。每层放 2 排，横放，不同层花球按相反方向摆放。装好后在包装箱内加入 3～4 千克碎冰块，再封箱，放入低温库中贮藏。按不同级别分开码放。库温控制在 0℃左右。

（二）速冻青花菜

速冻青花菜是近几年发展起来的出口产品。速冻产品加工程序为：原料→选择→清洗→切分→浸泡→漂烫→冷却→脱水→速冻→包装→冷藏。

通过提前进行药残检测，确信无农药残留、符合出口要求的青花菜才能收购。原料进厂后要尽快对花球进行选择，剔除畸形、带伤、有病虫害、色泽不新鲜等不符合标准的花球。清洗是将花球上沾附的泥土、脏物等洗掉，可以直接放在干净水池中清洗，也可用有适当压力的水枪冲洗。清洗后对花球进行切分，一般切分成直径 3～5 厘米的菜块。具体大小要按照客户要求进行。然后用 20 毫克/千克的盐水浸泡，杀菌。漂烫的作用主要是防止蔬菜细胞内氧化酶活性增强而出现褐变。青花菜漂烫温度为97～100℃，漂烫时间为 3～5 分钟。漂烫后放入冷却槽内进行冷却，冷却槽内的水要符合卫生要求，水温在 0～5℃。冷却后脱水，然后放入冷冻机中迅速冷冻。最后进行计量包装，包装封口要牢固，一般每 500 克装一塑料袋，再装纸箱。完成上述工序后，迅速将产品送入—18℃冷库内贮藏。

图书在版编目（CIP）数据

结球甘蓝 抱子甘蓝 青花菜设施栽培/曾爱松等编著.—北京：中国农业出版社，2013.5
（谁种谁赚钱·设施蔬菜技术丛书/常有宏，余文贵，陈新主编）
ISBN 978-7-109-17741-3

Ⅰ.①结… Ⅱ.①曾… Ⅲ.①结球甘蓝－温室栽培②抱子甘蓝－温室栽培③青花菜－温室栽培 Ⅳ.①S626.5

中国版本图书馆 CIP 数据核字（2013）第 054802 号

中国农业出版社出版
（北京市朝阳区农展馆北路 2 号）
（邮政编码 100125）
责任编辑　杨天桥

北京中科印刷有限公司印刷　新华书店北京发行所发行
2013 年 5 月第 1 版　2013 年 5 月北京第 1 次印刷

开本：850mm×1168mm 1/32　印张：6.75　插页：4
字数：168 千字
定价：25.00 元
（凡本版图书出现印刷、装订错误，请向出版社发行部调换）

甘蓝品种

探 春

早生翠美

春 丰

苏甘55

苏甘三号

苏甘60

冬 胜

中甘11

中甘18

中甘21

中甘96

中甘192

争　春

春甘2号

美味早生

铁头四号

希　望　　　　　　　　　　　荷兰迷你王（抱子甘蓝）

探险者（抱子甘蓝）

青花菜品种

春　绿　　　　　　　　　　　久　绿

里 绿

绿 秀

绿雄90

曼陀绿

瑞 绿

圣 绿

四季绿

晚生圣绿

优　秀

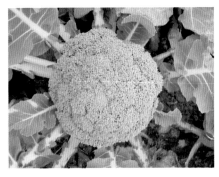

山　水

设施栽培模式

甘蓝类蔬菜穴盘播种

甘蓝类蔬菜日光温室育苗

甘蓝类蔬菜大棚育苗

甘蓝类蔬菜日光温室定植后

甘蓝类蔬菜大棚定植后

日光温室结球甘蓝苗期

日光温室结球甘蓝莲座期

日光温室结球甘蓝结球期

大棚栽培结球甘蓝结球期

大田地膜覆盖结球甘蓝栽培

大棚+地膜覆盖结球甘蓝栽培

大棚栽培抱子甘蓝

大田地膜覆盖青花菜栽培

防虫网青花菜栽培

大棚栽培青花菜

生理障害

结球甘蓝抽薹株与未抽薹株

结球甘蓝低温冻害

结球甘蓝裂球

青花菜花球黄化

青花菜花球受冻发紫色

青花菜花球松散

过了采收适期的花球